21世纪高等工科教育数学系列课程教材

积分变换与场论

彭　丽　张玲玲　任淑青　孟旭东　编著

中国铁道出版社有限公司
CHINA RAILWAY PUBLISHING HOUSE CO., LTD.

内 容 简 介

本书内容包括 Fourier(傅里叶)变换、Laplace(拉普拉斯)变换、数量场、矢量场的基本内容及其简单应用,是编者根据应用型本科院校的教育教学特点、学生基础状况及多年的教学经验编写而成。本书理论严谨,逻辑清晰,由浅入深,易于学习,是 2012 年度院级教育教学改革立项项目的研究成果。书中带 * 部分为选学内容,书后附有 Fourier 变换和 Laplace 变换表,以方便查用;各节后配有适量的习题,供读者掌握基本知识和基本计算方法;书末附有习题参考答案。

本书内容重视与电学、信号控制等专业学科的联系,适合作为应用型本科院校和独立院校电气、信号等专业基础课的教材,也可作为广大工程技术人员的参考用书。

图书在版编目(CIP)数据

积分变换与场论 / 彭丽等编著. — 北京 :中国铁道出版社,2015.8 (2021.11重印)
21 世纪高等工科教育数学系列课程教材
ISBN 978-7-113-17258-9

Ⅰ.①积… Ⅱ.①彭… Ⅲ.①积分变换-高等学校-教材②场论-高等学校-教材 Ⅳ.①O177.6②O412

中国版本图书馆 CIP 数据核字(2015)第 125449 号

书　　名: 积分变换与场论
作　　者: 彭　丽　张玲玲　任淑青　孟旭东

策　　划: 李小军
责任编辑: 李小军　徐盼欣
编辑助理: 许　璐
封面设计: 付　巍
封面制作: 白　雪
责任校对: 王　杰
责任印制: 樊启鹏

出版发行: 中国铁道出版社有限公司(100054,北京市西城区右安门西街 8 号)
网　　址: http://www.tdpress.com/51eds/
印　　刷: 三河市宏盛印务有限公司
版　　次: 2015 年 8 月第 1 版　2021 年 11 月第 3 次印刷
开　　本: 720 mm×960 mm　1/16　**印张:** 9.5　**字数:** 182 千
书　　号: ISBN 978-7-113-17258-9
定　　价: 20.00 元

前　　言

“积分变换与场论”是电气、自动化等专业的一门重要专业基础课，在“电路”“自动控制”等专业课中有着广泛的应用。本课程一般采用高等教育出版社出版的《工程数学——积分变换》与《工程数学——矢量分析与场论》两本教材。为了方便师生使用，编者根据该课程教学大纲的教学要求以及多年的教学经验，在保证基本内容完整的前提下，删去了一些繁难之处，增添了一些实例，使本书更具实践性和应用性。本书侧重于基本理论与基本方法的应用，努力做到精确简练，深入浅出，通俗易懂。

本书具有如下特点：

(1)将积分变换与场论结合在一起作为一个学期的教学内容，这样既保证了教学质量，又节省了课时；

(2)增添了一些专业课中的实例，使学生充分认识到该课程的重要性，使其更好地完成与专业课的学习衔接，提高将实际问题转化为数学问题的能力；

(3)在基本方法的应用上，采用一题多解，力求富于启发性，以期达到融会贯通、增加学习兴趣的目的。

本书主要包括积分变换与场论两部分内容，其中第一部分(第1、2章)为积分变换，主要介绍Fourier(傅里叶)变换和Laplace(拉普拉斯)变换；第二部分(第3、4章)为场论，主要介绍数量场和矢量场。书中附有不同层次的习题，以供学生练习选用。

完成本教材基本教学内容大约需32课时，每章可根据学生实际情况选讲一些综合类习题。

本书由彭丽、张玲玲、任淑青、孟旭东编著。具体编写分工如下：第1章由任淑青编写，第2章由彭丽编写，第3章由张玲玲编写，第4章由孟旭东编写。全书由张玲玲统稿并最终定稿。本书的编写得到了李忠定教授的支持和鼓励，郑莉芳、安宏伟等教研室同事和专业课教师对本书的出版提出了很多建议，在此致以由衷的谢意。同时，我们也感谢参考文献中的诸位作者，本书从他们的著作中吸取了许多优秀思想，极大地丰富了本书内容。

由于水平所限，书中难免有错漏及欠妥之处，请读者批评指正，以使本书不断完善。

编　者

2015年1月

目　　录

第一部分　积 分 变 换

第 1 章　Fourier 变换 …… 2

§1.1　Fourier 积分 …… 2

1.1.1　Fourier 级数 …… 2

1.1.2　非周期函数 $f(t)$与周期函数 $f_T(t)$的关系 …… 4

1.1.3　Fourier 积分 …… 4

习题 1.1 …… 9

§1.2　Fourier 变换 …… 10

1.2.1　Fourier 变换的定义 …… 10

1.2.2　正弦 Fourier 变换与余弦 Fourier 变换 …… 11

1.2.3　非周期函数的频谱 …… 13

习题 1.2 …… 14

§1.3　δ 函数及其 Fourier 变换 …… 15

1.3.1　δ 函数的定义 …… 15

1.3.2　δ 函数的性质 …… 16

1.3.3　几个重要的 Fourier 变换 …… 18

习题 1.3 …… 21

§1.4　Fourier 变换及其逆变换的性质 …… 22

1.4.1　线性性质 …… 22

1.4.2　位移性质 …… 22

1.4.3　相似性质 …… 23

1.4.4　微分性质 …… 24

1.4.5　积分性质 …… 26

*1.4.6　乘积定理 …… 27

*1.4.7　能量积分 …… 28

习题 1.4 …… 29

§1.5　卷积与相关函数 …… 29

1.5.1　卷积与卷积定理 …… 30

*1.5.2 相关函数 …… 33
习题 1.5 …… 37

第 2 章 Laplace 变换 …… 38

§2.1 Laplace 变换 …… 38
2.1.1 问题的提出 …… 38
2.1.2 Laplace 变换的概念 …… 39
2.1.3 常见函数的 Laplace 变换 …… 39
2.1.4 Laplace 变换存在定理 …… 41
2.1.5 关于 Laplace 变换公式中的积分下限 0 …… 44
习题 2.1 …… 45
§2.2 Laplace 变换的性质 …… 46
2.2.1 线性性质 …… 46
2.2.2 相似性质 …… 47
2.2.3 微分性质 …… 48
2.2.4 积分性质 …… 50
2.2.5 位移性质(平移性质) …… 52
2.2.6 延迟性质 …… 52
*2.2.7 初值定理和终值定理 …… 55
习题 2.2 …… 57
§2.3 卷积 …… 58
2.3.1 卷积的概念 …… 58
2.3.2 卷积的性质 …… 59
2.3.3 卷积定理 …… 59
2.3.4 卷积定理的应用 …… 60
习题 2.3 …… 63
§2.4 Laplace 逆变换 …… 63
2.4.1 反演积分公式 …… 64
2.4.2 反演积分公式的计算(留数法) …… 64
2.4.3 Laplace 逆变换求法举例 …… 66
习题 2.4 …… 69
§2.5 Laplace 变换的应用 …… 69
2.5.1 单个方程的情形 …… 70
2.5.2 方程组的情形 …… 72

2.5.3　广义积分的求解 …… 74
习题 2.5 …… 74

第二部分　场　论

第 3 章　数量场 …… 77
§3.1　数量场的等值面 …… 77
习题 3.1 …… 79
§3.2　方向导数和梯度 …… 79
3.2.1　方向导数 …… 79
3.2.2　梯度 …… 83
习题 3.2 …… 87
第 4 章　矢量场 …… 89
§4.1　矢性函数 …… 89
4.1.1　常矢和变矢 …… 89
4.1.2　矢性函数的定义 …… 89
4.1.3　矢性函数的极限和连续性 …… 90
4.1.4　矢性函数的导数与微分 …… 91
4.1.5　矢性函数的不定积分 …… 93
4.1.6　矢性函数的定积分 …… 94
§4.2　矢量场的概念和矢量线 …… 95
4.2.1　矢量场的概念 …… 95
4.2.2　矢量场的矢量线 …… 95
习题 4.2 …… 97
§4.3　通量与散度 …… 97
4.3.1　有向曲面 …… 98
4.3.2　通量 …… 98
4.3.3　散度 …… 102
习题 4.3 …… 104
§4.4　环量与旋度 …… 105
4.4.1　有向封闭曲线 …… 105
4.4.2　环量 …… 105
4.4.3　环量面密度 …… 107

4.4.4 旋度 …… 109
习题 4.4 …… 111
§4.5 几个重要的矢量场 …… 111
4.5.1 有势场 …… 111
4.5.2 管形场 …… 115
4.5.3 调和场 …… 117
习题 4.5 …… 121
§4.6 哈密顿算子和拉普拉斯算子 …… 122
4.6.1 哈密顿算子 …… 122
4.6.2 拉普拉斯算子 …… 125
习题参考答案或解题提示 …… 126
附录 …… 131
附录 A Fourier 变换简表 …… 131
附录 B Laplace 变换简表 …… 138
参考文献 …… 144

第一部分 积分变换

积分变换无论在数学理论还是工程应用中都是一种非常有用的工具，主要用来求解复杂的微积分方程. 常见的积分变换有傅里叶(Fourier)变换、拉普拉斯(Laplace)变换、梅林(Mellin)变换和亨克尔(Hankel)变换，本书重点介绍 Fourier 变换和 Laplace 变换，梅林变换和亨克尔变换都是由 Fourier 变换演变而来的，在此不再介绍.

Fourier 变换是一种分析信号的方法，用正弦波作为信号的成分，它既可以用来分析信号的成分，也可以用这些成分合成信号. 通俗地说，Fourier 变换表示能将满足一定条件的某个函数表示成三角函数(正弦函数或余弦函数)或它们积分的线性组合，在不同研究领域，Fourier 变换具有不同形式的变体形式，如连续 Fourier 变换和离散 Fourier 变换等.

Laplace 变换是为简化计算而建立的实变函数和复变函数之间的一种函数变换，对一个实变量函数作 Laplace 变换，并在复数域中作各种运算，再将运算结果作 Laplace 逆变换来求得实数域中的相应结果，比直接在实数域中求出同样的结果在计算上容易很多. 在经典控制理论中，用直观简便的图解方法来确定控制系统的整个特性，分析控制系统的运动过程，综合控制系统的校正装置等，都是建立在 Laplace 变换的基础上的.

第1章 Fourier 变换

本章将从以 T 为周期的函数 $f_T(t)$ 在 $\left[-\frac{T}{2},\frac{T}{2}\right]$ 上的 Fourier 级数展开式出发，讨论当 $T\to+\infty$ 时的极限形式，从而得出非周期函数的 Fourier 积分公式；然后在 Fourier 积分公式的基础上，引入 Fourier 变换的概念；并讨论 Fourier 变换的一些性质及应用.

§1.1 Fourier 积分

在物理学及一些其他学科中，除周期函数外，还会遇到一些非周期函数，如电学中的指数衰减函数和单位阶跃函数等，Fourier 级数的应用受到了限制，为此，本节引入 Fourier 级数的极限形式——Fourier 积分.

1.1.1 Fourier 级数

1. 三角表示式

在高等数学中，我们已经学习了以 T 为周期的函数 $f_T(t)$ 如果在区间 $\left[-\frac{T}{2},\frac{T}{2}\right]$ 上满足狄利克雷(Dirichlet)条件，即在区间 $\left[-\frac{T}{2},\frac{T}{2}\right]$ 上满足：

(1)连续或只有有限个第一类间断点；

(2)只有有限个极值点.

那么在 $f_T(t)$ 的连续点处，级数的三角形式为

$$f_T(t)=\frac{a_0}{2}+\sum_{n=1}^{+\infty}(a_n\cos n\omega t+b_n\sin n\omega t),\tag{1.1.1}$$

其中，

$$\omega=\frac{2\pi}{T},$$

$$a_0=\frac{2}{T}\int_{-\frac{T}{2}}^{\frac{T}{2}}f_T(t)\mathrm{d}t,$$

$$a_n = \frac{2}{T}\int_{-\frac{T}{2}}^{\frac{T}{2}} f_T(t)\cos n\omega t\,\mathrm{d}t,\quad n=1,2,3,\cdots,$$

$$b_n = \frac{2}{T}\int_{-\frac{T}{2}}^{\frac{T}{2}} f_T(t)\sin n\omega t\,\mathrm{d}t,\quad n=1,2,3,\cdots.$$

2. 复数表示式

在电子技术中为了方便起见,常利用欧拉(Euler)公式

$$\cos\theta=\frac{\mathrm{e}^{\mathrm{j}\theta}+\mathrm{e}^{-\mathrm{j}\theta}}{2},\quad \sin\theta=\frac{\mathrm{e}^{\mathrm{j}\theta}-\mathrm{e}^{-\mathrm{j}\theta}}{2\mathrm{j}}$$

把函数 $f_T(t)$ 的 Fourier 级数改写成复数形式. 此时,式(1.1.1)可写为

$$\begin{aligned} f_T(t) &= \frac{a_0}{2}+\sum_{n=1}^{+\infty}\left(a_n\frac{\mathrm{e}^{\mathrm{j}n\omega t}+\mathrm{e}^{-\mathrm{j}n\omega t}}{2}+b_n\frac{\mathrm{e}^{\mathrm{j}n\omega t}-\mathrm{e}^{-\mathrm{j}n\omega t}}{2\mathrm{j}}\right)\\ &= \frac{a_0}{2}+\sum_{n=1}^{+\infty}\left(\frac{a_n-\mathrm{j}b_n}{2}\mathrm{e}^{\mathrm{j}n\omega t}+\frac{a_n+\mathrm{j}b_n}{2}\mathrm{e}^{-\mathrm{j}n\omega t}\right)\\ &= \frac{a_0}{2}+\sum_{n=1}^{+\infty}\frac{a_n-\mathrm{j}b_n}{2}\mathrm{e}^{\mathrm{j}n\omega t}+\sum_{n=1}^{+\infty}\frac{a_n+\mathrm{j}b_n}{2}\mathrm{e}^{-\mathrm{j}n\omega t}, \end{aligned}$$

将 a_0, a_n, b_n 代入,得

$$\frac{a_0}{2}=\frac{1}{T}\int_{-\frac{T}{2}}^{\frac{T}{2}} f_T(t)\,\mathrm{d}t,$$

$$\begin{aligned} \frac{a_n-\mathrm{j}b_n}{2} &= \frac{1}{T}\left[\int_{-\frac{T}{2}}^{\frac{T}{2}} f_T(t)\cos n\omega t\,\mathrm{d}t-\mathrm{j}\int_{-\frac{T}{2}}^{\frac{T}{2}} f_T(t)\sin n\omega t\,\mathrm{d}t\right]\\ &= \frac{1}{T}\int_{-\frac{T}{2}}^{\frac{T}{2}} f_T(t)(\cos n\omega t-\mathrm{j}\sin n\omega t)\,\mathrm{d}t\\ &= \frac{1}{T}\int_{-\frac{T}{2}}^{\frac{T}{2}} f_T(t)\mathrm{e}^{-\mathrm{j}n\omega t}\,\mathrm{d}t\quad (n=1,2,3,\cdots), \end{aligned}$$

$$\begin{aligned} \frac{a_n+\mathrm{j}b_n}{2} &= \frac{1}{T}\left[\int_{-\frac{T}{2}}^{\frac{T}{2}} f_T(t)\cos n\omega t\,\mathrm{d}t+\mathrm{j}\int_{-\frac{T}{2}}^{\frac{T}{2}} f_T(t)\sin n\omega t\,\mathrm{d}t\right]\\ &= \frac{1}{T}\int_{-\frac{T}{2}}^{\frac{T}{2}} f_T(t)(\cos n\omega t+\mathrm{j}\sin n\omega t)\,\mathrm{d}t\\ &= \frac{1}{T}\int_{-\frac{T}{2}}^{\frac{T}{2}} f_T(t)\mathrm{e}^{\mathrm{j}n\omega t}\,\mathrm{d}t\quad (n=1,2,3,\cdots), \end{aligned}$$

因此,得

$$\begin{aligned} f_T(t) &= \frac{1}{T}\int_{-\frac{T}{2}}^{\frac{T}{2}} f_T(t)\,\mathrm{d}t+\sum_{n=1}^{+\infty}\left[\frac{1}{T}\int_{-\frac{T}{2}}^{\frac{T}{2}} f_T(\tau)\mathrm{e}^{-\mathrm{j}n\omega\tau}\,\mathrm{d}\tau\right]\mathrm{e}^{\mathrm{j}n\omega t}+\sum_{n=1}^{+\infty}\left[\frac{1}{T}\int_{-\frac{T}{2}}^{\frac{T}{2}} f_T(\tau)\mathrm{e}^{\mathrm{j}n\omega\tau}\,\mathrm{d}\tau\right]\mathrm{e}^{-\mathrm{j}n\omega t}\\ &= \frac{1}{T}\int_{-\frac{T}{2}}^{\frac{T}{2}} f_T(t)\,\mathrm{d}t+\sum_{n=1}^{+\infty}\left[\frac{1}{T}\int_{-\frac{T}{2}}^{\frac{T}{2}} f_T(\tau)\mathrm{e}^{-\mathrm{j}n\omega\tau}\,\mathrm{d}\tau\right]\mathrm{e}^{\mathrm{j}n\omega t}+\sum_{n=-\infty}^{-1}\left[\frac{1}{T}\int_{-\frac{T}{2}}^{\frac{T}{2}} f_T(\tau)\mathrm{e}^{-\mathrm{j}n\omega\tau}\,\mathrm{d}\tau\right]\mathrm{e}^{\mathrm{j}n\omega t} \end{aligned}$$

$$= \sum_{n=-\infty}^{+\infty} \left[\frac{1}{T} \int_{-\frac{T}{2}}^{\frac{T}{2}} f_T(\tau) \mathrm{e}^{-\mathrm{j}n\omega\tau} \mathrm{d}\tau \right] \mathrm{e}^{\mathrm{j}n\omega t}.$$

若记

$$c_n = \frac{1}{T} \int_{-\frac{T}{2}}^{\frac{T}{2}} f_T(t) \mathrm{e}^{-\mathrm{j}n\omega t} \mathrm{d}t \quad (n=0,\pm 1,\pm 2,\pm 3,\cdots),$$

$$\omega_n = n\omega,$$

则式(1.1.1)可写为

$$f_T(t) = \sum_{n=-\infty}^{+\infty} \left[\frac{1}{T} \int_{-\frac{T}{2}}^{\frac{T}{2}} f_T(\tau) \mathrm{e}^{-\mathrm{j}\omega_n\tau} \mathrm{d}\tau \right] \mathrm{e}^{\mathrm{j}\omega_n t} = \sum_{n=-\infty}^{+\infty} c_n \mathrm{e}^{\mathrm{j}\omega_n t}. \tag{1.1.2}$$

这就是 **Fourier 级数的复数表示式.**

1.1.2 非周期函数 $f(t)$ 与周期函数 $f_T(t)$ 的关系

在 $-\frac{T}{2}<t<\frac{T}{2}$ 作函数 $f_T(t)=f(t)$，在其他区间上按周期 T 延拓至整个数轴上，如图 1-1-1 所示. 显然，T 越大，$f_T(t)$ 与 $f(t)$ 相等的范围就越大，这说明当 $T\to+\infty$ 时，周期函数 $f_T(t)$ 就可以转化为 $f(t)$，即

$$f(t) = \lim_{T\to+\infty} f_T(t). \tag{1.1.3}$$

因此，非周期函数 $f(t)$ 的 Fourier 展开式可以看成周期函数 $f_T(t)$ 的 Fourier 展开式当 $T\to+\infty$ 时的极限形式.

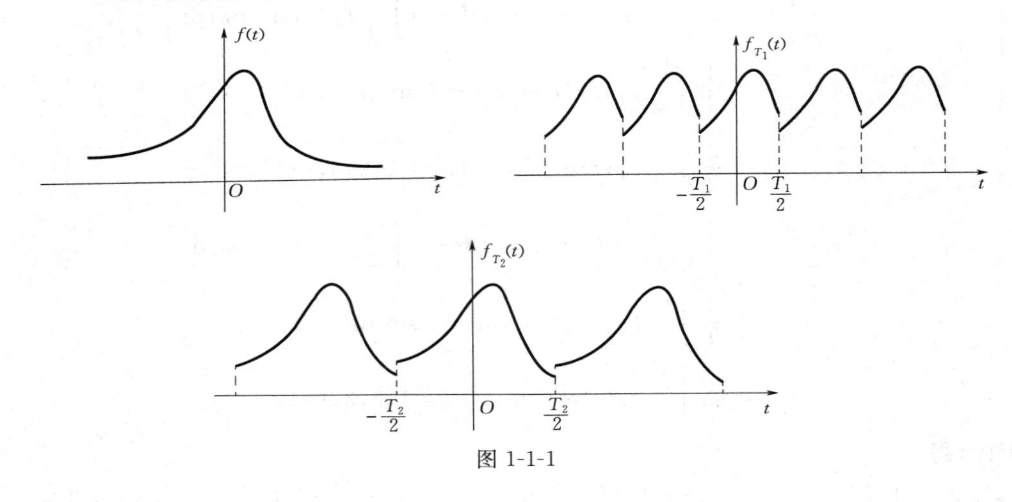

图 1-1-1

1.1.3 Fourier 积分

由式(1.1.2)和式(1.1.3)，得

$$f(t)=\lim_{T\to+\infty}\frac{1}{T}\sum_{n=-\infty}^{+\infty}\left[\int_{-\frac{T}{2}}^{\frac{T}{2}}f_T(\tau)\mathrm{e}^{-\mathrm{j}\omega_n\tau}\mathrm{d}\tau\right]\mathrm{e}^{\mathrm{j}\omega_n t}. \tag{1.1.4}$$

当 n 取一切整数时，ω_n 所对应的点便均匀地分布在整个数轴上，如图 1-1-2 所示. 若取两个相邻的点的距离以 $\Delta\omega_n$ 表示，即

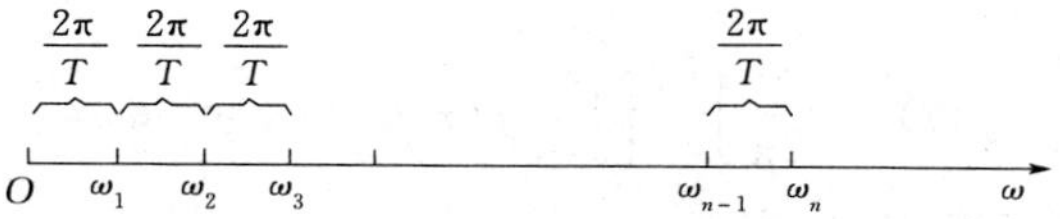

图 1-1-2

$$\Delta\omega_n=\omega_n-\omega_{n-1}=\frac{2\pi}{T}\quad\left(\text{即 } T=\frac{2\pi}{\Delta\omega_n}\right),$$

则当 $T\to+\infty$ 时，有 $\Delta\omega_n\to 0$，所以式(1.1.4)又可以写为

$$f(t)=\lim_{\Delta\omega_n\to 0}\frac{1}{2\pi}\sum_{n=-\infty}^{+\infty}\left[\int_{-\frac{T}{2}}^{\frac{T}{2}}f_T(\tau)\mathrm{e}^{-\mathrm{j}\omega_n\tau}\mathrm{d}\tau\right]\mathrm{e}^{\mathrm{j}\omega_n t}\Delta\omega_n, \tag{1.1.5}$$

当 t 固定时，$\frac{1}{2\pi}\left[\int_{-\frac{T}{2}}^{\frac{T}{2}}f_T(\tau)\mathrm{e}^{-\mathrm{j}\omega_n\tau}\mathrm{d}\tau\right]\mathrm{e}^{\mathrm{j}\omega_n t}$ 是参数 ω_n 的函数，记为 $\Phi_T(\omega_n)$，即

$$\Phi_T(\omega_n)=\frac{1}{2\pi}\left[\int_{-\frac{T}{2}}^{\frac{T}{2}}f_T(\tau)\mathrm{e}^{-\mathrm{j}\omega_n\tau}\mathrm{d}\tau\right]\mathrm{e}^{\mathrm{j}\omega_n t},$$

于是式(1.1.5)变为

$$f(t)=\lim_{\Delta\omega_n\to 0}\sum_{n=-\infty}^{+\infty}\Phi_T(\omega_n)\Delta\omega_n. \tag{1.1.6}$$

易见，当 $\Delta\omega_n\to 0$，即 $T\to+\infty$ 时，有 $\Phi_T(\omega_n)\to\Phi(\omega_n)$，即

$$\Phi(\omega_n)=\lim_{T\to+\infty}\Phi_T(\omega_n)=\frac{1}{2\pi}\left[\int_{-\infty}^{+\infty}f(\tau)\mathrm{e}^{-\mathrm{j}\omega_n\tau}\mathrm{d}\tau\right]\mathrm{e}^{\mathrm{j}\omega_n t},$$

从而 $f(t)$ 可以看作是 $\Phi(\omega_n)$ 在 $(-\infty,+\infty)$ 上的积分

$$f(t)=\int_{-\infty}^{+\infty}\Phi(\omega_n)\mathrm{d}\omega_n,$$

即

$$f(t)=\int_{-\infty}^{+\infty}\Phi(\omega)\mathrm{d}\omega,$$

也即

$$f(t)=\frac{1}{2\pi}\int_{-\infty}^{+\infty}\left[\int_{-\infty}^{+\infty}f(\tau)\mathrm{e}^{-\mathrm{j}\omega\tau}\mathrm{d}\tau\right]\mathrm{e}^{\mathrm{j}\omega t}\mathrm{d}\omega. \tag{1.1.7}$$

式(1.1.7)称为非周期函数 $f(t)$ 的 **Fourier 积分公式**.

需注意的是，上式只是形式上的，是不严格的. 关于一个非周期函数在什么条件下可以用 Fourier 积分公式表示，我们有如下定理：

定理(Fourier 积分定理) 若 $f(t)$在$(-\infty,+\infty)$上满足:

(1)在任一有限区间上满足狄利克雷条件;

(2)在无限区间$(-\infty,+\infty)$上绝对可积(即 $\int_{-\infty}^{+\infty}|f(t)|\mathrm{d}t$ 收敛),则在 $f(t)$的连续点有

$$f(t)=\frac{1}{2\pi}\int_{-\infty}^{+\infty}\left[\int_{-\infty}^{+\infty}f(\tau)\mathrm{e}^{-\mathrm{j}\omega\tau}\mathrm{d}\tau\right]\mathrm{e}^{\mathrm{j}\omega t}\mathrm{d}\omega,$$

当 t 为 $f(t)$的第一类间断点时,有

$$\frac{1}{2\pi}\int_{-\infty}^{+\infty}\left[\int_{-\infty}^{+\infty}f(\tau)\mathrm{e}^{-\mathrm{j}\omega\tau}\mathrm{d}\tau\right]\mathrm{e}^{\mathrm{j}\omega t}\mathrm{d}\omega=\frac{f(t+0)+f(t-0)}{2}. \tag{1.1.8}$$

式(1.1.7)称为 **Fourier 积分的复数形式**,利用欧拉公式,可将它转化为三角形式.

$$\begin{aligned}f(t)&=\frac{1}{2\pi}\int_{-\infty}^{+\infty}\left[\int_{-\infty}^{+\infty}f(\tau)\mathrm{e}^{-\mathrm{j}\omega\tau}\mathrm{d}\tau\right]\mathrm{e}^{\mathrm{j}\omega t}\mathrm{d}\omega\\&=\frac{1}{2\pi}\int_{-\infty}^{+\infty}\left[\int_{-\infty}^{+\infty}f(\tau)\mathrm{e}^{\mathrm{j}\omega(t-\tau)}\mathrm{d}\tau\right]\mathrm{d}\omega\\&=\frac{1}{2\pi}\int_{-\infty}^{+\infty}\left[\int_{-\infty}^{+\infty}f(\tau)\cos\omega(t-\tau)\mathrm{d}\tau+\mathrm{j}\int_{-\infty}^{+\infty}f(\tau)\sin\omega(t-\tau)\mathrm{d}\tau\right]\mathrm{d}\omega.\end{aligned}$$

由于 $\int_{-\infty}^{+\infty}f(\tau)\sin\omega(t-\tau)\mathrm{d}\tau$ 是关于 ω 的奇函数,$\int_{-\infty}^{+\infty}f(\tau)\cos\omega(t-\tau)\mathrm{d}\tau$ 是关于 ω 的偶函数,从而上式可化为

$$f(t)=\frac{1}{\pi}\int_{0}^{+\infty}\left[\int_{-\infty}^{+\infty}f(\tau)\cos\omega(t-\tau)\mathrm{d}\tau\right]\mathrm{d}\omega. \tag{1.1.9}$$

称式(1.1.9)为 $f(t)$的 **Fourier 积分的三角形式**.

利用三角公式,式(1.1.9)可化为

$$\begin{aligned}f(t)&=\frac{1}{\pi}\int_{0}^{+\infty}\left[\int_{-\infty}^{+\infty}f(\tau)(\cos\omega\tau\ \cos\omega t+\sin\omega\tau\ \sin\omega t)\mathrm{d}\tau\right]\mathrm{d}\omega\\&=\frac{1}{\pi}\int_{0}^{+\infty}\left[\int_{-\infty}^{+\infty}f(\tau)\cos\omega\tau\mathrm{d}\tau\right]\cos\omega t\,\mathrm{d}\omega+\frac{1}{\pi}\int_{0}^{+\infty}\left[\int_{-\infty}^{+\infty}f(\tau)\sin\omega\tau\,\mathrm{d}\tau\right]\sin\omega t\,\mathrm{d}\omega\\&=\int_{0}^{+\infty}[A(\omega)\cos\omega t+B(\omega)\sin\omega t]\mathrm{d}\omega,\end{aligned}$$

其中,

$$A(\omega)=\frac{1}{\pi}\int_{-\infty}^{+\infty}f(\tau)\cos\omega\tau\,\mathrm{d}\tau,$$

$$B(\omega)=\frac{1}{\pi}\int_{-\infty}^{+\infty}f(\tau)\sin\omega\tau\,\mathrm{d}\tau.$$

当 $f(t)$为奇函数时,

$$A(\omega)=0,$$

$$B(\omega)=\frac{2}{\pi}\int_0^{+\infty}f(\tau)\sin\omega\tau\,\mathrm{d}\tau.$$

此时得到

$$f(t)=\int_0^{+\infty}B(\omega)\sin\omega t\,\mathrm{d}\omega=\frac{2}{\pi}\int_0^{+\infty}\left[\int_0^{+\infty}f(\tau)\sin\omega\tau\,\mathrm{d}\tau\right]\sin\omega t\,\mathrm{d}\omega.\tag{1.1.10}$$

称式(1.1.10)为**正弦 Fourier 积分公式**.

同理,当 $f(t)$ 为偶函数时,

$$A(\omega)=\frac{2}{\pi}\int_0^{+\infty}f(\tau)\cos\omega\tau\,\mathrm{d}\tau,$$

$$B(\omega)=0.$$

此时得到

$$f(t)=\int_0^{+\infty}A(\omega)\cos\omega t\,\mathrm{d}\omega=\frac{2}{\pi}\int_0^{+\infty}\left[\int_0^{+\infty}f(\tau)\cos\omega\tau\,\mathrm{d}\tau\right]\cos\omega t\,\mathrm{d}\omega.\tag{1.1.11}$$

称式(1.1.11)为**余弦 Fourier 积分公式**.

注意:当 $f(t)$ 定义在 $(0,+\infty)$ 时,可作奇延拓或偶延拓到 $(-\infty,+\infty)$,从而得到 $f(t)$ 的正弦或余弦 Fourier 积分公式.

例 1　求 $f(t)=\mathrm{e}^{-\beta|t|}$ $(\beta>0)$ 的 Fourier 积分.

解　由 Fourier 积分公式

$$\begin{aligned}f(t)&=\frac{1}{2\pi}\int_{-\infty}^{+\infty}\left[\int_{-\infty}^{+\infty}f(\tau)\mathrm{e}^{-\mathrm{j}\omega\tau}\,\mathrm{d}\tau\right]\mathrm{e}^{\mathrm{j}\omega t}\,\mathrm{d}\omega\\&=\frac{1}{2\pi}\int_{-\infty}^{+\infty}\left[\int_{-\infty}^{+\infty}\mathrm{e}^{-\beta|\tau|}\,\mathrm{e}^{-\mathrm{j}\omega\tau}\,\mathrm{d}\tau\right]\mathrm{e}^{\mathrm{j}\omega t}\,\mathrm{d}\omega,\end{aligned}$$

其中,

$$\begin{aligned}\int_{-\infty}^{+\infty}\mathrm{e}^{-\beta|\tau|}\,\mathrm{e}^{-\mathrm{j}\omega\tau}\,\mathrm{d}\tau&=\int_{-\infty}^{0}\mathrm{e}^{\beta\tau}\,\mathrm{e}^{-\mathrm{j}\omega\tau}\,\mathrm{d}\tau+\int_0^{+\infty}\mathrm{e}^{-\beta\tau}\,\mathrm{e}^{-\mathrm{j}\omega\tau}\,\mathrm{d}\tau\\&=\int_{-\infty}^{0}\mathrm{e}^{(\beta-\mathrm{j}\omega)\tau}\,\mathrm{d}\tau+\int_0^{+\infty}\mathrm{e}^{-(\beta+\mathrm{j}\omega)\tau}\,\mathrm{d}\tau\\&=\frac{1}{\beta-\mathrm{j}\omega}\,\mathrm{e}^{(\beta-\mathrm{j}\omega)\tau}\Big|_{-\infty}^{0}-\frac{1}{\beta+\mathrm{j}\omega}\,\mathrm{e}^{-(\beta+\mathrm{j}\omega)\tau}\Big|_0^{+\infty}\\&=\frac{1}{\beta-\mathrm{j}\omega}+\frac{1}{\beta+\mathrm{j}\omega}\\&=\frac{2\beta}{\beta^2+\omega^2},\end{aligned}$$

则有

$$f(t)=\frac{1}{2\pi}\int_{-\infty}^{+\infty}\frac{2\beta}{\beta^2+\omega^2}e^{j\omega t}d\omega$$

$$=\frac{1}{\pi}\int_{-\infty}^{+\infty}\frac{\beta}{\beta^2+\omega^2}(\cos\omega t+j\sin\omega t)d\omega$$

$$=\frac{1}{\pi}\left(\int_{-\infty}^{+\infty}\frac{\beta}{\beta^2+\omega^2}\cos\omega t\,d\omega+j\int_{-\infty}^{+\infty}\frac{\beta}{\beta^2+\omega^2}\sin\omega t\,d\omega\right).$$

因为$\frac{\beta}{\beta^2+\omega^2}\cos\omega t$ 是关于ω 的偶函数，$\frac{\beta}{\beta^2+\omega^2}\sin\omega t$ 是关于ω 的奇函数，所以

$$f(t)=\frac{2\beta}{\pi}\int_0^{+\infty}\frac{\cos\omega t}{\beta^2+\omega^2}d\omega.$$

由此可得一个含参量的广义积分

$$\int_0^{+\infty}\frac{\cos\omega t}{\beta^2+\omega^2}d\omega=\frac{\pi}{2\beta}e^{-\beta|t|}.$$

注意：$f(t)$是偶函数，故也可以用余弦 Fourier 积分公式即式(1.1.11)得到 $f(t)=\frac{2}{\pi}\int_0^{+\infty}\left(\int_0^{+\infty}e^{-\beta\tau}\cos\omega\tau\,d\tau\right)\cos\omega t\,d\omega$，请读者自行完成.

例 2 求函数 $f(t)=\begin{cases}1 & 当\ 0<t<1\\ 0 & 当\ t>1\end{cases}$ 的余弦 Fourier 积分，并由此证明

$$\int_0^{+\infty}\frac{\sin\omega}{\omega}d\omega=\frac{\pi}{2}.$$

解 由于 $f(t)$只在$(0,+\infty)$上有定义，因此可作偶延拓. $t=1$ 为 $f(t)$的间断点，在连续点处，由余弦 Fourier 积分公式，有

$$f(t)=\frac{2}{\pi}\int_0^{+\infty}\int_0^{+\infty}f(\tau)\cos\omega\tau\,d\tau\cos\omega t\,d\omega$$

$$=\frac{2}{\pi}\int_0^{+\infty}\cos\omega t\,d\omega\int_0^1\cos\omega\tau\,d\tau$$

$$=\frac{2}{\pi}\int_0^{+\infty}\frac{\sin\omega\cos\omega t}{\omega}d\omega,$$

当 $t=1$ 时，有

$$\frac{2}{\pi}\int_0^{+\infty}\frac{\sin\omega\cos\omega t}{\omega}d\omega=\frac{f(1-0)+f(1+0)}{2}=\frac{1}{2},$$

即

$$\int_0^{+\infty}\frac{\sin\omega\cos\omega t}{\omega}d\omega=\frac{\pi}{4}.$$

所以

$$\int_0^{+\infty} \frac{\sin \omega \cos \omega t}{\omega} \mathrm{d}\omega = \begin{cases} \dfrac{\pi}{2} & \text{当 } 0 < t < 1 \\ \dfrac{\pi}{4} & \text{当 } t = 1 \\ 0 & \text{当 } t > 1 \end{cases}.$$

将 $t=1$ 代入，有

$$\int_0^{+\infty} \frac{\sin \omega \cos \omega}{\omega} \mathrm{d}\omega = \frac{\pi}{4},$$

也即

$$\int_0^{+\infty} \frac{\sin 2\omega}{2\omega} \mathrm{d}\omega = \frac{\pi}{4},$$

令 $2\omega = x$，则有

$$\frac{1}{2}\int_0^{+\infty} \frac{\sin x}{x} \mathrm{d}x = \frac{\pi}{4},$$

因此

$$\int_0^{+\infty} \frac{\sin x}{x} \mathrm{d}x = \frac{\pi}{2}.$$

此积分称为**狄利克雷(Dirichlet)**积分.

在高等数学中，$\frac{\sin x}{x}$ 的原函数不存在，用找原函数的方法无法求出，但由例 2，用 Fourier 积分就能求出。

习　题　1.1

1. 求下列函数的 Fourier 积分.

(1) $f(t) = \begin{cases} 1-t^2 & \text{当 } |t|<1 \\ 0 & \text{当 } |t|>1 \end{cases}$；　　(2) $f(t) = \begin{cases} \sin t & \text{当 } |t| \leqslant \pi \\ 0 & \text{当 } |t| > \pi \end{cases}$；

(3) $f(t) = \begin{cases} 0 & \text{当 } -\infty<t<-1 \\ -1 & \text{当 } -1<t<0 \\ 1 & \text{当 } 0<t<1 \\ 0 & \text{当 } 1<t<+\infty \end{cases}$.

2. 求下列函数的 Fourier 积分，并推证下列积分结果.

(1) 指数衰减函数 $f(t) = \begin{cases} 0 & \text{当 } t<0 \\ \mathrm{e}^{-\beta t} & \text{当 } t \geqslant 0 \end{cases}$ $(\beta>0)$，证明

$$\int_0^{+\infty}\frac{\beta\cos\omega t+\omega\sin\omega t}{\beta^2+\omega^2}\mathrm{d}\omega=\begin{cases}0 & 当\ t<0\\ \dfrac{\pi}{2} & 当\ t=0;\\ \pi\mathrm{e}^{-\beta t} & 当\ t>0\end{cases}$$

(2) $f(t)=\begin{cases}1 & 当\ 0<t\leqslant 1\\ -1 & 当\ -1\leqslant t<0\\ 0 & 其他\end{cases}$，证明

$$\int_0^{+\infty}\frac{1-\cos\omega}{\omega}\sin\omega t\,\mathrm{d}\omega=\begin{cases}\dfrac{\pi}{2} & 当\ 0<t<1\\ -\dfrac{\pi}{2} & 当\ -1<t<0\\ 0 & 当\ t=0\ 和\ |t|>1.\\ \dfrac{\pi}{4} & 当\ t=1\\ -\dfrac{\pi}{4} & 当\ t=-1\end{cases}$$

§1.2 Fourier 变换

尽管上节给出了一般非周期函数的积分表达式，但形式上仍比较复杂，本节将从 Fourier 积分公式出发，得到较简单形式的 Fourier 变换及其逆变换，并讨论其物理意义——频谱函数.

1.2.1 Fourier 变换的定义

定义 1.2.1 在 Fourier 积分公式中，若记

$$F(\omega)=\int_{-\infty}^{+\infty}f(t)\mathrm{e}^{-\mathrm{j}\omega t}\mathrm{d}t,\quad \omega\in(-\infty,+\infty),\tag{1.2.1}$$

则

$$f(t)=\frac{1}{2\pi}\int_{-\infty}^{+\infty}F(\omega)\mathrm{e}^{\mathrm{j}\omega t}\mathrm{d}\omega.\tag{1.2.2}$$

称 $F(\omega)$ 为 $f(t)$ 的**象函数**或 **Fourier 变换**，记为 $\mathscr{F}[f(t)]$；$f(t)$ 为 $F(\omega)$ 的**象原函数**或 **Fourier 逆变换**，记为 $\mathscr{F}^{-1}[F(\omega)]$.

式(1.2.1)和式(1.2.2)表明，$f(t)$ 和 $F(\omega)$ 可以通过积分运算互相表示，通常称象函数 $F(\omega)$ 和象原函数 $f(t)$ 构成一个 Fourier 变换对，并且它们具有相同的奇偶性.

例 1 求指数衰减函数 $f(t)=\begin{cases}0 & 当\ t<0\\ e^{-\beta t} & 当\ t\geqslant 0\end{cases}$ $(\beta>0)$(如图 1-2-1 所示)的 Fourier 变换.

解 根据式(1.2.1),得

$$\begin{aligned}F(\omega)&=\mathscr{F}[f(t)]=\int_{-\infty}^{+\infty}f(t)e^{-j\omega t}dt\\&=\int_{0}^{+\infty}e^{-\beta t}e^{-j\omega t}dt\\&=\int_{0}^{+\infty}e^{-(\beta+j\omega)t}dt\\&=-\frac{1}{\beta+j\omega}e^{-(\beta+j\omega)t}\Big|_{0}^{+\infty}\\&=\frac{1}{\beta+j\omega}.\end{aligned}$$

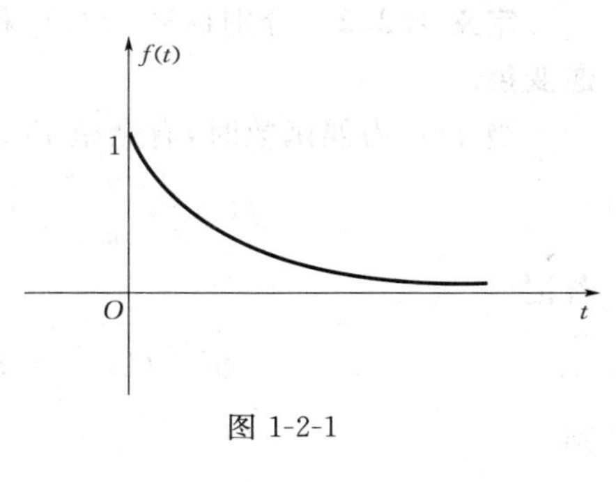

图 1-2-1

例 2 已知函数 $f(t)$的 Fourier 变换为 $F(\omega)=\begin{cases}0 & 当\ |\omega|\geqslant a\\ 1 & 当\ |\omega|<a\end{cases}$ $(a>0)$,求象原函数 $f(t)$.

解 由式(1.2.2),得

$$\begin{aligned}f(t)&=\mathscr{F}^{-1}[F(\omega)]\\&=\frac{1}{2\pi}\int_{-\infty}^{+\infty}F(\omega)e^{j\omega t}d\omega\\&=\frac{1}{2\pi}\int_{-a}^{a}e^{j\omega t}d\omega\\&=\frac{1}{\pi}\int_{0}^{a}\cos\omega t\,d\omega\\&=\frac{\sin at}{\pi t}.\end{aligned}$$

1.2.2 正弦 Fourier 变换与余弦 Fourier 变换

类似地,我们可以用正弦 Fourier 积分和余弦 Fourier 积分给出正弦 Fourier 变换和余弦 Fourier 变换.

当 $f(t)$为奇函数时,有正弦 Fourier 积分公式

$$f(t)=\frac{2}{\pi}\int_{0}^{+\infty}\left[\int_{0}^{+\infty}f(\tau)\sin\omega\tau d\tau\right]\sin\omega t\,d\omega,$$

若记

$$\mathscr{F}_s[f(t)]=F_s(\omega)=\int_{0}^{+\infty}f(t)\sin\omega t\,dt, \tag{1.2.3}$$

则

$$\mathscr{F}_s^{-1}[F_s(\omega)] = f(t) = \frac{2}{\pi}\int_0^{+\infty} F_s(\omega)\sin \omega t \mathrm{d}\omega. \tag{1.2.4}$$

定义 1.2.2 分别称$\mathscr{F}_s[f(t)]$和$\mathscr{F}_s^{-1}[F_s(\omega)]$为**正弦 Fourier 变换**和**正弦 Fourier 逆变换**.

当 $f(t)$为偶函数时,有余弦 Fourier 积分公式

$$f(t) = \frac{2}{\pi}\int_0^{+\infty}\left[\int_0^{+\infty} f(\tau)\cos \omega\tau \mathrm{d}\tau\right]\cos \omega t \mathrm{d}\omega,$$

若记

$$\mathscr{F}_c[f(t)] = F_c(\omega) = \int_0^{+\infty} f(t)\cos \omega t \mathrm{d}t, \tag{1.2.5}$$

则

$$\mathscr{F}_c^{-1}[F_c(\omega)] = f(t) = \frac{2}{\pi}\int_0^{+\infty} F_c(\omega)\cos \omega t \mathrm{d}\omega. \tag{1.2.6}$$

定义 1.2.3 分别称$\mathscr{F}_c[f(t)]$和$\mathscr{F}_c^{-1}[F_c(\omega)]$为**余弦 Fourier 变换**和**余弦 Fourier 逆变换**.

例 3 求函数 $f(t)=\begin{cases}2 & \text{当 } 0\leqslant t<1 \\ 0 & \text{当 } t\geqslant 1\end{cases}$ 的正弦 Fourier 变换和余弦 Fourier 变换.

解 根据式(1.2.3),$f(t)$的正弦 Fourier 变换为

$$\begin{aligned}\mathscr{F}_s[f(t)] &= \int_0^{+\infty} f(t)\sin \omega t \mathrm{d}t \\ &= \int_0^1 2\sin \omega t \mathrm{d}t \\ &= \frac{2-2\cos \omega}{\omega}.\end{aligned}$$

根据式(1.2.5),$f(t)$的余弦 Fourier 变换为

$$\begin{aligned}\mathscr{F}_c[f(t)] &= \int_0^{+\infty} f(t)\cos \omega t \mathrm{d}t \\ &= \int_0^1 2\cos \omega t \mathrm{d}t \\ &= \frac{2\sin \omega}{\omega}.\end{aligned}$$

例 4 求解积分方程 $\int_0^{+\infty} g(\omega)\sin \omega t \mathrm{d}\omega = \begin{cases}1 & \text{当 } 0\leqslant t<1 \\ 2 & \text{当 } 1\leqslant t<2 \\ 0 & \text{当 } t\geqslant 2\end{cases}$.

解 设积分右端的分段函数为 $f(t)$,即

$$\int_0^{+\infty} g(\omega)\sin \omega t \mathrm{d}\omega = f(t),$$

则此方程可以改写为

$$\frac{2}{\pi}\int_0^{+\infty} g(\omega)\sin \omega t\,\mathrm{d}\omega = \frac{2}{\pi}f(t),$$

因此，由式(1.2.4)知，$\frac{2}{\pi}f(t)$为 $g(\omega)$的正弦 Fourier 逆变换，从而有

$$\begin{aligned} g(\omega) &= \int_0^{+\infty} \frac{2}{\pi}f(t)\sin \omega t\,\mathrm{d}t \\ &= \frac{2}{\pi}\left(\int_0^1 \sin \omega t\,\mathrm{d}t + \int_1^2 2\sin \omega t\,\mathrm{d}t\right) \\ &= \frac{2}{\pi}\left(\frac{-1}{\omega}\cos \omega t\Big|_0^1 + \frac{-2}{\omega}\cos \omega t\Big|_1^2\right) \\ &= \frac{2}{\pi}\left(\frac{1}{\omega} + \frac{1}{\omega}\cos \omega - \frac{1}{\omega}\cdot 2\cos 2\omega\right) \\ &= \frac{2}{\pi\omega}(1 + \cos \omega - 2\cos 2\omega). \end{aligned}$$

此例说明，应用 Fourier 变换、正弦 Fourier 变换、余弦 Fourier 变换及其逆变换可以求解积分方程.

1.2.3　非周期函数的频谱

在频谱分析中，Fourier 变换的物理意义是将连续信号从时域[①]表达式 $f(t)$变换到频域[②]表达式 $F(\omega)$；而 Fourier 逆变换是从连续信号的频域表达式 $F(\omega)$求得时域表达式 $f(t)$. 因此，Fourier 变换对是一个信号的时域表达式 $f(t)$和频域表达式 $F(\omega)$之间的一一对应关系.

定义 1.2.4　设 $f(t)$是满足 Fourier 积分定理条件的非周期函数，称其 Fourier 变换

$$F(\omega) = \int_{-\infty}^{+\infty} f(t)\mathrm{e}^{-\mathrm{j}\omega t}\,\mathrm{d}t$$

为 $f(t)$的**频谱函数**，而称频谱函数的模$|F(\omega)|$为 $f(t)$的**振幅频谱**，简称**频谱**.

频谱图指的是频率 ω 与频谱$|F(\omega)|$的关系图. 由于 ω 是连续变化的，这时的频谱图是连续曲线，所以称这种频谱为**连续频谱**.

不难证明，频谱为偶函数，即$|F(\omega)| = |F(-\omega)|$.

例 5　求指数衰减函数 $f(t)=\begin{cases}0 & 当\ t<0\\ \mathrm{e}^{-\beta t} & 当\ t\geqslant 0\end{cases}$ $(\beta>0)$的频谱函数并作出频谱图.

---

① 时域(时间域)——自变量是时间，即横轴是时间，纵轴是信号的变化. 其动态信号是描述信号在不同时刻取值的函数.

② 频域(频率域)——自变量是频率，即横轴是频率，纵轴是该频率信号的幅度，也就是通常说的频谱图.

解 由定义 1.2.4,频谱函数就是指数衰减函数的 Fourier 变换,由例 1 结果知,

$$F(\omega)=\frac{1}{\beta+\mathrm{j}\omega},$$

所以

$$|F(\omega)|=\frac{1}{\sqrt{\beta^2+\omega^2}}.$$

频谱图如图 1-2-2 所示.

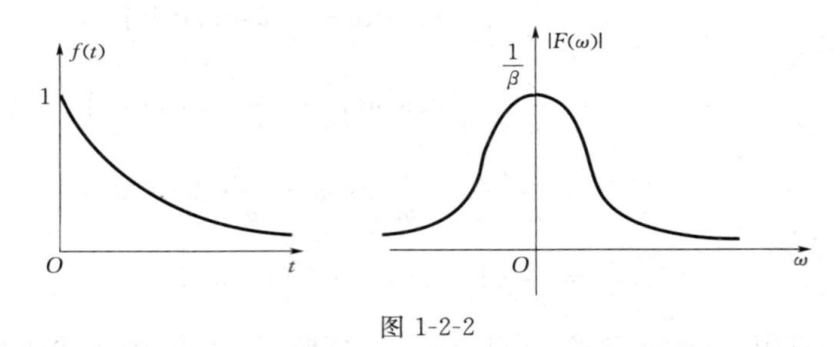

图 1-2-2

以上例子都满足 Fourier 积分存在定理的条件,但对于有些非常简单并且在工程上经常应用的函数并不满足 Fourier 积分存在定理的条件,例如单位阶跃函数 $u(t)=\begin{cases}0 & \text{当 } t<0\\ 1 & \text{当 } t>0\end{cases}$ 等由于不满足绝对可积条件无法确定其 Fourier 变换,这就限制了 Fourier 变换的应用. 为扩大它的应用范围,我们有必要推广 Fourier 变换的定义. 在下一节我们将引入 δ 函数,从而将 Fourier 变换推广到广义意义上.

习 题 1.2

1. 求函数 $f(t)=\begin{cases}\sin t & \text{当 } |t|\leqslant\pi\\ 0 & \text{当 } |t|>\pi\end{cases}$ 的 Fourier 变换,并证明

$$\int_0^{+\infty}\frac{\sin\omega\pi\sin\omega t}{1-\omega^2}\mathrm{d}\omega=\begin{cases}\dfrac{\pi}{2}\sin t & \text{当 } |t|\leqslant\pi\\ 0 & \text{当 } |t|>\pi\end{cases}.$$

2. 已知 $f(t)=\mathrm{e}^{-t}, t\geqslant 0$,求

(1) $f(t)$ 的正弦 Fourier 变换;

(2) $f(t)$ 的余弦 Fourier 变换.

3. 已知某函数的 Fourier 变换为 $F(\omega)=\dfrac{\sin\omega}{\omega}$,求该函数 $f(t)$.

4. 设 $F(\omega)$是 $f(t)$的 Fourier 变换，证明 $F(\omega)$与 $f(t)$有相同的奇偶性.

5. 利用 Fourier 变换，求解积分方程 $\int_0^{+\infty} g(\omega)\cos\omega t\,\mathrm{d}\omega = \begin{cases} 1-t & \text{当 } 0\leqslant t\leqslant 1 \\ 0 & \text{当 } t>1 \end{cases}$.

6. 求图 1-2-3 所示的三角形脉冲的频谱函数.

7. 求图 1-2-4 所示的锯齿形的频谱函数，并画出频谱图.

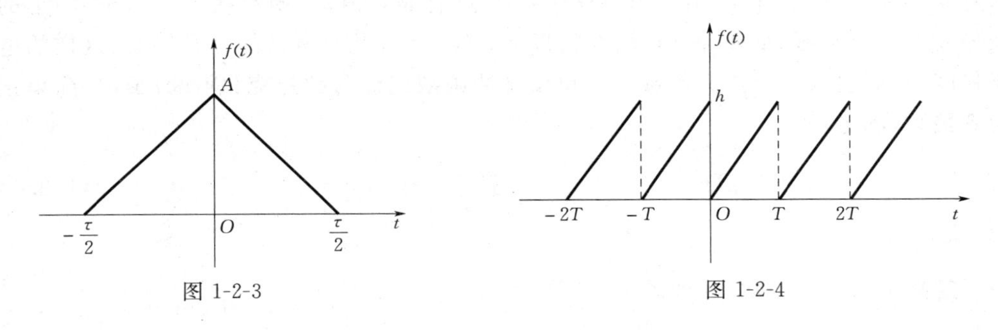

图 1-2-3　　图 1-2-4

§1.3　δ 函数及其 Fourier 变换

在物理学和工程技术中，有许多物理现象具有脉冲性质，它们仅在某一点或某一瞬间出现，如点电荷、脉冲电流、瞬时冲激力等，这些物理量都不能用通常意义下的函数来研究，这一节将引进广义函数——δ 函数，并利用此函数来解决一些不满足 Fourier 积分定理条件的函数的 Fourier 变换.

1.3.1　δ 函数的定义

1. 引例

一原来电流为零的电路中，在某一瞬时(设为 $t=0$ 时刻)进入一单位电量的脉冲，现在要确定电路上的电流 $i(t)$. 以 $q(t)$表示该电路中的电荷函数，则

$$q(t)=\begin{cases} 0 & \text{当 } t\neq 0 \\ 1 & \text{当 } t=0 \end{cases}.$$

于是

$$i(t)=\frac{\mathrm{d}q(t)}{\mathrm{d}t}=\lim_{\Delta t\to 0}\frac{q(t+\Delta t)-q(t)}{\Delta t},$$

所以，当 $t\neq 0$ 时，$i(t)=0$；当 $t=0$ 时，$i(0)=\lim\limits_{\Delta t\to 0}\left(-\frac{1}{\Delta t}\right)=\infty$，即

$$i(t)=\begin{cases}0 & 当\ t\neq 0\\ \infty & 当\ t=0\end{cases},$$

且总电量 $q=\int_{-\infty}^{+\infty}i(t)\mathrm{d}t=1$.

这里,从数学的角度看,$i(0)=\infty$是没有意义的,此外,由于 $q(t)$在 $t=0$ 不连续,因此 $q(t)$在 $t=0$ 不可导(由于 $i(t)$只在 $t=0$ 点有非零值,该函数在$(-\infty,+\infty)$上的积分 $q(t)$应该为零,而不是 1). 而在物理上,$i(0)=\infty$是有意义的,为了确定这样的电流强度,我们引入一个**广义函数**——**单位脉冲函数**或称为**狄拉克(Dirac)函数**,简单记为 **$\boldsymbol{\delta}$ 函数**,满足:

$$\delta(t)=\begin{cases}0 & 当\ t\neq 0\\ \infty & 当\ t=0\end{cases}且\int_{-\infty}^{+\infty}\delta(t)\mathrm{d}t=1. \tag{1.3.1}$$

2. 定义

定义 1.3.1(δ 函数) 如图 1-3-1 所示,令

$$\delta_\varepsilon(t)=\begin{cases}0 & 当\ t<0\\ \dfrac{1}{\varepsilon} & 当\ 0\leqslant t\leqslant\varepsilon,\\ 0 & 当\ t>\varepsilon\end{cases}$$

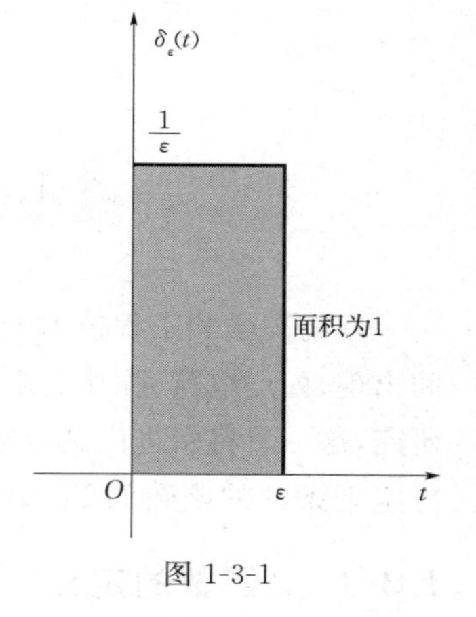

图 1-3-1

对于任意一个无穷次可微函数 $f(t)$,如果满足

$$\int_{-\infty}^{+\infty}\delta(t)f(t)\mathrm{d}t=\lim_{\varepsilon\to 0}\int_{-\infty}^{+\infty}\delta_\varepsilon(t)f(t)\mathrm{d}t, \tag{1.3.2}$$

则称 $\delta_\varepsilon(t)$弱收敛于 $\delta(t)$,记作

$$\delta_\varepsilon(t)\xrightarrow[\varepsilon\to 0]{弱}\delta(t),$$

或记为

$$\lim_{\varepsilon\to 0}\delta_\varepsilon(t)\overset{弱}{=}\delta(t).$$

根据式(1.3.2),取 $f(t)=1$,便得到与式(1.3.1)相同的结论

$$\int_{-\infty}^{+\infty}\delta(t)\mathrm{d}t=1.$$

1.3.2 δ 函数的性质

性质 1.3.1(筛选性质) 若 $f(t)$为无穷次可微函数,则有

$$\int_{-\infty}^{+\infty}\delta(t)f(t)\mathrm{d}t=f(0). \tag{1.3.3}$$

证明 $\int_{-\infty}^{+\infty}\delta(t)f(t)\mathrm{d}t=\lim_{\varepsilon\to 0}\int_{-\infty}^{+\infty}\delta_\varepsilon(t)f(t)\mathrm{d}t$

$$= \lim_{\varepsilon \to 0} \int_0^{\varepsilon} \frac{1}{\varepsilon} f(t) \mathrm{d}t$$

$$= \lim_{\varepsilon \to 0} \frac{1}{\varepsilon} \int_0^{\varepsilon} f(t) \mathrm{d}t.$$

因为 $f(t)$ 无穷次可微，由积分中值定理，有

$$\int_{-\infty}^{+\infty} \delta(t) f(t) \mathrm{d}t = \lim_{\varepsilon \to 0} \frac{1}{\varepsilon} \int_0^{\varepsilon} f(t) \mathrm{d}t = \lim_{\varepsilon \to 0} f(\theta\varepsilon) = f(0) \quad (0 < \theta < 1).$$

更一般地，有

$$\int_{-\infty}^{+\infty} \delta(t - t_0) f(t) \mathrm{d}t = f(t_0). \tag{1.3.4}$$

事实上，由式(1.3.3)，令 $u = t - t_0$，有

$$\int_{-\infty}^{+\infty} \delta(t - t_0) f(t) \mathrm{d}t = \int_{-\infty}^{+\infty} \delta(u) f(u + t_0) \mathrm{d}u = f(u + t_0) \Big|_{u=0} = f(t_0).$$

注意：式(1.3.3)也可以作为 δ 函数的定义.

性质 1.3.2(奇偶性)　$\delta(t)$ 为偶函数，即 $\delta(-t) = \delta(t)$.

证明　略.

性质 1.3.3(相似性)　$\delta(at) = \dfrac{1}{|a|}\delta(t)$.

证明　当 $a > 0$ 时，令 $x = at$，得

$$\begin{aligned}\int_{-\infty}^{+\infty} f(t) \delta(at) \mathrm{d}t &= \int_{-\infty}^{+\infty} f\left(\frac{x}{a}\right) \delta(x) \frac{1}{a} \mathrm{d}x \\ &= \frac{1}{a} \int_{-\infty}^{+\infty} f\left(\frac{x}{a}\right) \delta(x) \mathrm{d}x \\ &= \frac{1}{|a|} f(0),\end{aligned}$$

当 $a < 0$ 时，令 $x = at$，得

$$\begin{aligned}\int_{-\infty}^{+\infty} f(t) \delta(at) \mathrm{d}t &= \int_{+\infty}^{-\infty} f\left(\frac{x}{a}\right) \delta(x) \frac{1}{a} \mathrm{d}x \\ &= -\frac{1}{a} \int_{-\infty}^{+\infty} f\left(\frac{x}{a}\right) \delta(x) \mathrm{d}x \\ &= -\frac{1}{a} f(0) \\ &= \frac{1}{|a|} f(0).\end{aligned}$$

而

$$\int_{-\infty}^{+\infty} f(t) \frac{\delta(t)}{|a|} \mathrm{d}t = \frac{1}{|a|} \int_{-\infty}^{+\infty} f(t) \delta(t) \mathrm{d}t = \frac{f(0)}{|a|}.$$

因此,有

$$\int_{-\infty}^{+\infty} f(t)\delta(at)\mathrm{d}t = \int_{-\infty}^{+\infty} f(t)\ \frac{1}{|a|}\delta(t)\mathrm{d}t.$$

即结论成立.

性质 1.3.4 若 $f(t)$为无穷次可微的函数,则有

$$\int_{-\infty}^{+\infty} \delta'(t)f(t)\mathrm{d}t = -f'(0).$$

证明 由分部积分法,有

$$\begin{aligned}\int_{-\infty}^{+\infty} \delta'(t)f(t)\mathrm{d}t &= f(t)\delta(t)\Big|_{-\infty}^{+\infty} - \int_{-\infty}^{+\infty}\delta(t)f'(t)\mathrm{d}t \\ &= 0 - f'(0) \\ &= -f'(0).\end{aligned}$$

一般地,有

$$\int_{-\infty}^{+\infty} \delta^{(n)}(t)f(t)\mathrm{d}t = (-1)^n f^{(n)}(0).$$

性质 1.3.5

$$\int_{-\infty}^{t} \delta(\tau)\mathrm{d}\tau = u(t), \quad \frac{\mathrm{d}}{\mathrm{d}t}u(t) = \delta(t),$$

其中,$u(t)=\begin{cases}0 & 当\ t<0\\ 1 & 当\ t>0\end{cases}$为单位阶跃函数.

证明 当 $t<0$ 时,$\delta(t)=0$,得 $\int_{-\infty}^{t}\delta(\tau)\mathrm{d}\tau = 0$.

当 $t>0$ 时,因为 $\delta(t)$只在 $t=0$ 有非零值,所以

$$\int_{-\infty}^{t}\delta(\tau)\mathrm{d}\tau = \int_{-\infty}^{+\infty}\delta(\tau)\mathrm{d}\tau = 1,$$

故

$$\int_{-\infty}^{t}\delta(\tau)\mathrm{d}\tau = \begin{cases}0 & 当\ t<0\\ 1 & 当\ t>0\end{cases} = u(t).$$

对上式两端同时关于 t 求导,得

$$\frac{\mathrm{d}}{\mathrm{d}t}u(t) = \delta(t).$$

1.3.3 几个重要的 Fourier 变换

1. δ 函数

由 Fourier 变换的定义及 δ 函数的筛选性质,得

$$F(\omega)=\mathscr{F}[\delta(t)]=\int_{-\infty}^{+\infty}\delta(t)\mathrm{e}^{-\mathrm{j}\omega t}\mathrm{d}t=\mathrm{e}^{-\mathrm{j}\omega t}\Big|_{t=0}=1.$$

因此

$$\mathscr{F}^{-1}[1]=\delta(t).$$

可见，$\delta(t)$**和** 1 **构成一个 Fourier 变换对.**

2. $\delta(t-t_0)$

由 Fourier 变换的定义及 δ 函数的筛选性质，得

$$F(\omega)=\mathscr{F}[\delta(t-t_0)]=\int_{-\infty}^{+\infty}\delta(t-t_0)\mathrm{e}^{-\mathrm{j}\omega t}\mathrm{d}t=\mathrm{e}^{-\mathrm{j}\omega t}\big|_{t=t_0}=\mathrm{e}^{-\mathrm{j}\omega t_0}.$$

因此

$$\mathscr{F}^{-1}[\mathrm{e}^{-\mathrm{j}\omega t_0}]=\delta(t-t_0).$$

可见，$\delta(t-t_0)$**和** $\mathrm{e}^{-\mathrm{j}\omega t_0}$ **构成一个 Fourier 变换对.**

3. 常函数 1

事实上，$f(t)=\mathscr{F}^{-1}[F(\omega)]=\dfrac{1}{2\pi}\displaystyle\int_{-\infty}^{+\infty}2\pi\delta(\omega)\mathrm{e}^{\mathrm{j}\omega t}\mathrm{d}\omega=\mathrm{e}^{\mathrm{j}\omega t}\Big|_{\omega=0}=1.$

因此，由 Fourier 变换的定义，有

$$\mathscr{F}[1]=F(\omega)=\int_{-\infty}^{+\infty}1\cdot\mathrm{e}^{-\mathrm{j}\omega t}\mathrm{d}t=\int_{-\infty}^{+\infty}\mathrm{e}^{-\mathrm{j}\omega t}\mathrm{d}t=2\pi\delta(\omega).\qquad(1.3.5)$$

可见，**常数** 1 **与** $2\pi\delta(\omega)$**构成一个 Fourier 变换对.**

4. $\mathrm{e}^{\mathrm{j}\omega_0 t}$

事实上，由式(1.3.5)，

$$F(\omega)=\int_{-\infty}^{+\infty}\mathrm{e}^{\mathrm{j}\omega_0 t}\mathrm{e}^{-\mathrm{j}\omega t}\mathrm{d}t=\int_{-\infty}^{+\infty}\mathrm{e}^{-\mathrm{j}(\omega-\omega_0)t}\mathrm{d}t=2\pi\delta(\omega-\omega_0).\qquad(1.3.6)$$

可见，$\mathrm{e}^{\mathrm{j}\omega_0 t}$ **与** $2\pi\delta(\omega-\omega_0)$**构成一个 Fourier 变换对.**

为了便于读者使用，我们将这几个常用的 Fourier 变换对列表如表 1-3-1 所示.

表 1-3-1 四种常用的 Fourier 变换对

$f(t)$	$F(\omega)$
$\delta(t)$	1
$\delta(t-t_0)$	$\mathrm{e}^{-\mathrm{j}\omega t_0}$
1	$2\pi\delta(\omega)$
$\mathrm{e}^{\mathrm{j}\omega_0 t}$	$2\pi\delta(\omega-\omega_0)$

例 1 求正弦函数 $f(t)=\sin\omega_0 t$ 和余弦函数 $g(t)=\cos\omega_0 t$ 的 Fourier 变换.

解 根据 Fourier 变换公式和式(1.3.6)，有

$$
\begin{aligned}
\mathscr{F}[\sin\omega_0 t] &= \int_{-\infty}^{+\infty} \sin\omega_0 t\, \mathrm{e}^{-\mathrm{j}\omega t}\,\mathrm{d}t \\
&= \int_{-\infty}^{+\infty} \frac{\mathrm{e}^{\mathrm{j}\omega_0 t}-\mathrm{e}^{-\mathrm{j}\omega_0 t}}{2\mathrm{j}}\mathrm{e}^{-\mathrm{j}\omega t}\,\mathrm{d}t \\
&= \frac{1}{2\mathrm{j}}\int_{-\infty}^{+\infty}[\mathrm{e}^{-\mathrm{j}(\omega-\omega_0)t}-\mathrm{e}^{-\mathrm{j}(\omega+\omega_0)t}]\mathrm{d}t \\
&= \frac{1}{2\mathrm{j}}[2\pi\delta(\omega-\omega_0)-2\pi\delta(\omega+\omega_0)] \\
&= \mathrm{j}\pi[\delta(\omega+\omega_0)-\delta(\omega-\omega_0)],
\end{aligned}
$$

$$
\begin{aligned}
\mathscr{F}[\cos\omega_0 t] &= \int_{-\infty}^{+\infty} \mathrm{e}^{-\mathrm{j}\omega t}\cos\omega_0 t\,\mathrm{d}t \\
&= \int_{-\infty}^{+\infty} \frac{\mathrm{e}^{\mathrm{j}\omega_0 t}+\mathrm{e}^{-\mathrm{j}\omega_0 t}}{2}\mathrm{e}^{-\mathrm{j}\omega t}\,\mathrm{d}t \\
&= \frac{1}{2}\int_{-\infty}^{+\infty}[\mathrm{e}^{-\mathrm{j}(\omega-\omega_0)t}+\mathrm{e}^{-\mathrm{j}(\omega+\omega_0)t}]\mathrm{d}t \\
&= \frac{1}{2}[2\pi\delta(\omega-\omega_0)+2\pi\delta(\omega+\omega_0)] \\
&= \pi[\delta(\omega-\omega_0)+\delta(\omega+\omega_0)].
\end{aligned}
$$

例 2 作单位脉冲函数 $\delta(t)$的频谱图.

解 因为

$$F(\omega)=\int_{-\infty}^{+\infty}\delta(t)\mathrm{e}^{-\mathrm{j}\omega t}\,\mathrm{d}t=1,$$

所以

$$|F(\omega)|=1.$$

频谱图如图 1-3-2 所示.

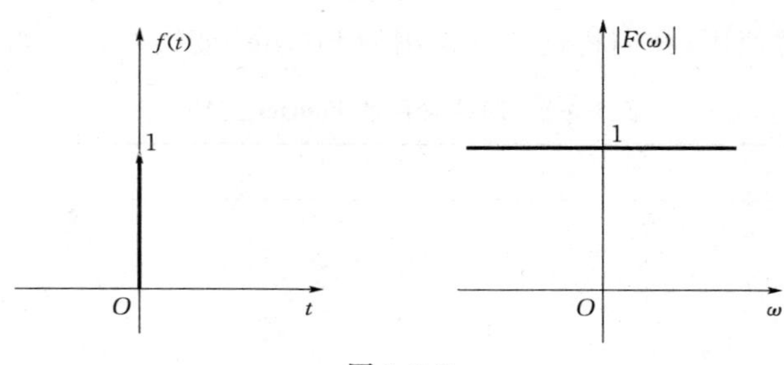

图 1-3-2

例 3 证明单位阶跃函数 $u(t)=\begin{cases}0 & 当\ t<0 \\ 1 & 当\ t>0\end{cases}$的 Fourier 变换为 $F(\omega)=\dfrac{1}{\mathrm{j}\omega}+\pi\delta(\omega)$.

证明 由 Fourier 逆变换公式可得

$$\begin{aligned}\mathscr{F}^{-1}[F(\omega)] &= \frac{1}{2\pi}\int_{-\infty}^{+\infty}\left[\frac{1}{\mathrm{j}\omega}+\pi\delta(\omega)\right]\mathrm{e}^{\mathrm{j}\omega t}\,\mathrm{d}\omega \\ &= \frac{1}{2\pi}\int_{-\infty}^{+\infty}\frac{1}{\mathrm{j}\omega}\mathrm{e}^{\mathrm{j}\omega t}\,\mathrm{d}\omega+\frac{1}{2\pi}\int_{-\infty}^{+\infty}\pi\delta(\omega)\,\mathrm{e}^{\mathrm{j}\omega t}\,\mathrm{d}\omega \\ &= \frac{1}{2\pi}\int_{-\infty}^{+\infty}\frac{\cos\omega t+\mathrm{j}\sin\omega t}{\mathrm{j}\omega}\mathrm{d}\omega+\frac{1}{2}\int_{-\infty}^{+\infty}\delta(\omega)\,\mathrm{e}^{\mathrm{j}\omega t}\,\mathrm{d}\omega \\ &= \frac{1}{2\pi}\int_{-\infty}^{+\infty}\frac{\sin\omega t}{\omega}\mathrm{d}\omega+\frac{1}{2}\mathrm{e}^{\mathrm{j}\omega t}\Big|_{\omega=0} \\ &= \frac{1}{\pi}\int_{0}^{+\infty}\frac{\sin\omega t}{\omega}\mathrm{d}\omega+\frac{1}{2}.\end{aligned}$$

由于

$$\int_{0}^{+\infty}\frac{\sin\omega t}{\omega}\mathrm{d}\omega=\int_{0}^{+\infty}\frac{\sin\omega t}{\omega t}\mathrm{d}\omega t,$$

当 $t>0$ 时，令 $u=\omega t$，由狄利克雷积分，得

$$\int_{0}^{+\infty}\frac{\sin\omega t}{\omega}\mathrm{d}\omega=\int_{0}^{+\infty}\frac{\sin u}{u}\mathrm{d}u=\frac{\pi}{2};$$

当 $t<0$ 时，令 $u=\omega t$，得

$$\int_{0}^{+\infty}\frac{\sin\omega t}{\omega}\mathrm{d}\omega=\int_{0}^{-\infty}\frac{\sin u}{u}\mathrm{d}u=-\int_{0}^{+\infty}\frac{\sin v}{v}\mathrm{d}v=-\frac{\pi}{2}\quad(\text{令 } v=-u).$$

因此，得

$$\mathscr{F}^{-1}[F(\omega)]=\frac{1}{2\pi}\int_{-\infty}^{+\infty}\left[\frac{1}{\mathrm{j}\omega}+\pi\delta(\omega)\right]\mathrm{e}^{\mathrm{j}\omega t}\,\mathrm{d}\omega=\begin{cases}0 & \text{当 } t<0\\ 1 & \text{当 } t>0\end{cases}=u(t).$$

即结论成立.

因此，单位阶跃函数也可用积分表示为

$$u(t)=\frac{1}{2}+\frac{1}{\pi}\int_{0}^{+\infty}\frac{\sin\omega t}{\omega}\mathrm{d}\omega.$$

习　题　1.3

1. 设 $\delta(t)$ 为单位脉冲函数，则 $\int_{-\infty}^{+\infty}\delta(t)\cos^2\left(t+\frac{\pi}{3}\right)\mathrm{d}t=$ ________.

2. 求函数 $f(t)=\cos 3t$ 的 Fourier 变换.

3. 求函数 $f(t)=\cos 2t\sin 2t$ 的 Fourier 变换.

4. 求函数 $f(t)=\sin^2 t$ 的 Fourier 变换.

5. 证明 δ 函数是偶函数，即 $\delta(t)=\delta(-t)$.

§1.4 Fourier 变换及其逆变换的性质

本节主要讲 Fourier 变换及其逆变换的基本性质,并通过具体例子介绍这些性质在求解微积分方程中的应用.

为叙述方便起见,假定这里需要讨论函数的 Fourier 变换均存在,证明 Fourier 变换的性质时,不再重复说明.

1.4.1 线性性质

设 $F_1(\omega)=\mathscr{F}[f_1(t)]$,$F_2(\omega)=\mathscr{F}[f_2(t)]$,$k_1$,$k_2$ 是常数,则

$$\mathscr{F}[k_1 f_1(t)+k_2 f_2(t)]=k_1 F_1(\omega)+k_2 F_2(\omega), \tag{1.4.1}$$

$$\mathscr{F}^{-1}[k_1 F_1(\omega)+k_2 F_2(\omega)]=k_1 f_1(t)+k_2 f_2(t). \tag{1.4.2}$$

由 Fourier 变换和 Fourier 逆变换的定义易得,请读者自行证明.

例 1 求 $f(t)=\cos^2 t$ 的 Fourier 变换.

解 利用线性性质以及 1 和 $\cos\omega_0 t$ 的 Fourier 变换结果,得

$$\begin{aligned}\mathscr{F}[\cos^2 t]&=\mathscr{F}\left[\frac{1+\cos 2t}{2}\right]=\frac{1}{2}\mathscr{F}[1]+\frac{1}{2}\mathscr{F}[\cos 2t]\\&=\pi\delta(\omega)+\frac{\pi}{2}[\delta(\omega-2)+\delta(\omega+2)].\end{aligned}$$

1.4.2 位移性质

设 $\mathscr{F}[f(t)]=F(\omega)$,则

$$\mathscr{F}[f(t\pm t_0)]=\mathrm{e}^{\pm \mathrm{j}\omega t_0}F(\omega), \tag{1.4.3}$$

$$\mathscr{F}^{-1}[F(\omega\pm\omega_0)]=\mathrm{e}^{\mp \mathrm{j}\omega_0 t}f(t). \tag{1.4.4}$$

证明 由 Fourier 变换的定义,得

$$\begin{aligned}\mathscr{F}[f(t\pm t_0)]&=\int_{-\infty}^{+\infty}f(t\pm t_0)\mathrm{e}^{-\mathrm{j}\omega t}\,\mathrm{d}t\\&=\int_{-\infty}^{+\infty}f(u)\mathrm{e}^{-\mathrm{j}\omega(u\mp t_0)}\,\mathrm{d}u\quad(\text{令 } u=t\pm t_0)\\&=\mathrm{e}^{\pm\mathrm{j}\omega t_0}\int_{-\infty}^{+\infty}f(t)\mathrm{e}^{-\mathrm{j}\omega t}\,\mathrm{d}t\\&=\mathrm{e}^{\pm\mathrm{j}\omega t_0}F(\omega).\end{aligned}$$

再由 Fourier 逆变换的定义,得

$$
\begin{aligned}
\mathscr{F}^{-1}[F(\omega \pm \omega_0)] &= \frac{1}{2\pi}\int_{-\infty}^{+\infty} F(\omega \pm \omega_0)\mathrm{e}^{\mathrm{j}\omega t}\,\mathrm{d}\omega \\
&= \frac{1}{2\pi}\int_{-\infty}^{+\infty} F(u)\mathrm{e}^{\mathrm{j}(u \mp \omega_0)t}\,\mathrm{d}u \quad (\text{令 } u = \omega \pm \omega_0) \\
&= \mathrm{e}^{\mp \mathrm{j}\omega_0 t}\frac{1}{2\pi}\int_{-\infty}^{+\infty} F(u)\mathrm{e}^{\mathrm{j}ut}\,\mathrm{d}u. \\
&= \mathrm{e}^{\mp \mathrm{j}\omega_0 t}\frac{1}{2\pi}\int_{-\infty}^{+\infty} F(\omega)\mathrm{e}^{\mathrm{j}\omega t}\,\mathrm{d}\omega \\
&= \mathrm{e}^{\mp \mathrm{j}\omega_0 t}\mathscr{F}^{-1}[F(\omega)] \\
&= \mathrm{e}^{\mp \mathrm{j}\omega_0 t} f(t).
\end{aligned}
$$

例 2 求 $f(t)=\sin\left(t+\frac{\pi}{3}\right)$的 Fourier 变换.

解 因为$\mathscr{F}[\sin t]=\mathrm{j}\pi[\delta(\omega+1)-\delta(\omega-1)]$.
所以由位移性质,得

$$
\begin{aligned}
\mathscr{F}[f(t)] &= \mathrm{e}^{\mathrm{j}\omega\frac{\pi}{3}}\mathscr{F}[\sin t] \\
&= \mathrm{j}\pi\mathrm{e}^{\mathrm{j}\omega\frac{\pi}{3}}[\delta(\omega+1)-\delta(\omega-1)].
\end{aligned}
$$

1.4.3 相似性质

设$\mathscr{F}[f(t)]=F(\omega)$,$a\neq 0$,则

$$\mathscr{F}[f(at)]=\frac{1}{|a|}F\left(\frac{\omega}{a}\right), \tag{1.4.5}$$

$$\mathscr{F}^{-1}[F(a\omega)]=\frac{1}{|a|}f\left(\frac{t}{a}\right). \tag{1.4.6}$$

证明 我们只证明 Fourier 变换的相似性质.

令 $u=at$,当 $a>0$ 时,有

$$\mathscr{F}[f(at)] = \frac{1}{a}\int_{-\infty}^{+\infty} f(u)\mathrm{e}^{-\mathrm{j}\omega\frac{u}{a}}\,\mathrm{d}u = \frac{1}{a}F\left(\frac{\omega}{a}\right),$$

当 $a<0$ 时,有

$$\mathscr{F}[f(at)] =-\frac{1}{a}\int_{-\infty}^{+\infty} f(u)\mathrm{e}^{-\mathrm{j}\omega\frac{u}{a}}\,\mathrm{d}u =-\frac{1}{a}F\left(\frac{\omega}{a}\right),$$

因此当 $a\neq 0$ 时,有

$$\mathscr{F}[f(at)]=\frac{1}{|a|}F\left(\frac{\omega}{a}\right).$$

同理可证 Fourier 逆变换的相似性质,请读者自行完成.

例 3 计算$\mathscr{F}[u(3t-2)]$.

解法 1 先用相似性质,再用位移性质. 令 $g(t)=u(t-2)$,则

$$g(3t)=u(3t-2),$$

因此

$$\mathscr{F}[u(3t-2)]=\mathscr{F}[g(3t)]=\frac{1}{3}\mathscr{F}[g(t)]\Big|_{\frac{\omega}{3}}=\frac{1}{3}\mathscr{F}[u(t-2)]\Big|_{\frac{\omega}{3}}$$

$$=\left(\frac{1}{3}e^{-2j\omega}\mathscr{F}[u(t)]\right)\Bigg|_{\frac{\omega}{3}}=\left(\frac{1}{3}e^{-2j\omega}\left[\frac{1}{j\omega}+\pi\delta(\omega)\right]\right)\Bigg|_{\frac{\omega}{3}}$$

$$=\frac{1}{3}e^{-\frac{2}{3}j\omega}\left[\frac{3}{j\omega}+\pi\delta\left(\frac{\omega}{3}\right)\right].$$

解法 2 先用位移性质,再用相似性质. 令 $g(t)=u(3t)$,则

$$g\left(t-\frac{2}{3}\right)=u(3t-2),$$

因此

$$\mathscr{F}[u(3t-2)]=\mathscr{F}\left[g\left(t-\frac{2}{3}\right)\right]=e^{-\frac{2}{3}j\omega}\mathscr{F}[g(t)]=e^{-\frac{2}{3}j\omega}\mathscr{F}[u(3t)]$$

$$=e^{-\frac{2}{3}j\omega}\left(\frac{1}{3}\mathscr{F}[u(t)]\right)\Bigg|_{\frac{\omega}{3}}=\frac{1}{3}e^{-\frac{2}{3}j\omega}\left[\frac{1}{j\omega}+\pi\delta(\omega)\right]\Bigg|_{\frac{\omega}{3}}$$

$$=\frac{1}{3}e^{-\frac{2}{3}j\omega}\left[\frac{3}{j\omega}+\pi\delta\left(\frac{\omega}{3}\right)\right].$$

推论 设$\mathscr{F}[f(t)]=F(\omega)$,$a\neq 0$,则

$$\mathscr{F}[f(at-t_0)]=\frac{1}{|a|}e^{-j\frac{t_0}{a}\omega}F\left(\frac{\omega}{a}\right).$$

注意:例 3 也可以利用相似性质的推论直接得出结果.

1.4.4 微分性质

1. 象原函数的微分性质

若 $f(t)$在$(-\infty,+\infty)$上连续或只有有限个间断点,且当$|t|\to+\infty$时,$f(t)\to 0$,则

$$\mathscr{F}[f'(t)]=j\omega\mathscr{F}[f(t)]. \tag{1.4.7}$$

证明 $\mathscr{F}[f'(t)]=\int_{-\infty}^{+\infty}f'(t)e^{-j\omega t}dt$

$$=f(t)e^{-j\omega t}\Big|_{-\infty}^{+\infty}+j\omega\int_{-\infty}^{+\infty}f(t)e^{-j\omega t}dt=j\omega\mathscr{F}[f(t)].$$

一般地,若 $f^{(k)}(t)$在$(-\infty,+\infty)$上连续或只有有限个可去间断点,且当$|t|\to+\infty$时,$f^{(k)}(t)\to 0$,$k=0,1,2,\cdots,n-1$,则

$$\mathscr{F}[f^{(n)}(t)]=(\mathrm{j}\omega)^n\mathscr{F}[f(t)]. \tag{1.4.8}$$

2. 象函数的微分性质

设$\mathscr{F}[f(t)]=F(\omega)$，则

$$F'(\omega)=-\mathrm{j}\,\mathscr{F}[tf(t)],$$

即

$$\mathscr{F}[tf(t)]=\mathrm{j}F'(\omega). \tag{1.4.9}$$

证明　$F'(\omega)=\dfrac{\mathrm{d}}{\mathrm{d}\omega}\displaystyle\int_{-\infty}^{+\infty}f(t)\mathrm{e}^{-\mathrm{j}\omega t}\mathrm{d}t=\int_{-\infty}^{+\infty}\dfrac{\mathrm{d}}{\mathrm{d}\omega}[f(t)\mathrm{e}^{-\mathrm{j}\omega t}]\mathrm{d}t$

$$=\int_{-\infty}^{+\infty}f(t)(-\mathrm{j}t)\mathrm{e}^{-\mathrm{j}\omega t}\mathrm{d}t=-\mathrm{j}\,\mathscr{F}[tf(t)].$$

一般地，有

$$\mathscr{F}[t^kf(t)]=\mathrm{j}^kF^{(k)}(\omega). \tag{1.4.10}$$

例 4　已知函数 $f(t)=\begin{cases}0 & \text{当 } t<0\\ \mathrm{e}^{-\beta t} & \text{当 } t\geqslant 0\end{cases}$ $(\beta>0)$，求$\mathscr{F}[tf(t)]$及$\mathscr{F}[t^2f(t)]$.

解　因为指数衰减函数 $f(t)$的 Fourier 变换为

$$F(\omega)=\frac{1}{\beta+\mathrm{j}\omega},$$

因此，由象函数的微分性质，得

$$\mathscr{F}[tf(t)]=\mathrm{j}F'(\omega)=\mathrm{j}\,\frac{-\mathrm{j}}{(\beta+\mathrm{j}\omega)^2}=\frac{1}{(\beta+\mathrm{j}\omega)^2},$$

$$\mathscr{F}[t^2f(t)]=\mathrm{j}^2F''(\omega)=-[F'(\omega)]'=\frac{2}{(\beta+\mathrm{j}\omega)^3}.$$

例 5　求微分方程 $x'(t)+x(t)=\delta(t)$的解.

解　对方程两边取 Fourier 变换，利用 Fourier 变换的微分性质及 δ 函数的 Fourier 变换结果，并记$\mathscr{F}[x(t)]=X(\omega)$，得

$$\mathrm{j}\omega X(\omega)+X(\omega)=1.$$

解得

$$X(\omega)=\frac{1}{1+\mathrm{j}\omega}.$$

再求其逆变换得

$$x(t)=\begin{cases}0 & \text{当 } t<0\\ \mathrm{e}^{-t} & \text{当 } t\geqslant 0\end{cases}\quad(\text{指数衰减函数取 } \beta=1 \text{ 时的结果}).$$

例 6　求具有电动势 $f(t)$的 RLC 电路（如图 1-4-1 所示）的电流，其中 R 是电阻，L 是电感，C 是电容，$f(t)$是电动势.

解　设 $I(t)$表示电路在 t 时刻的电流，根据基尔霍夫（Kirchhoff）定律，$I(t)$适合

如下微积分方程：

$$L\frac{\mathrm{d}I}{\mathrm{d}t}+RI+\frac{1}{C}\int_{-\infty}^{t}I\mathrm{d}t=f(t),$$

对上式两端关于 t 求导，得

$$L\frac{\mathrm{d}^2I}{\mathrm{d}t^2}+R\frac{\mathrm{d}I}{\mathrm{d}t}+\frac{1}{C}I=f'(t).$$

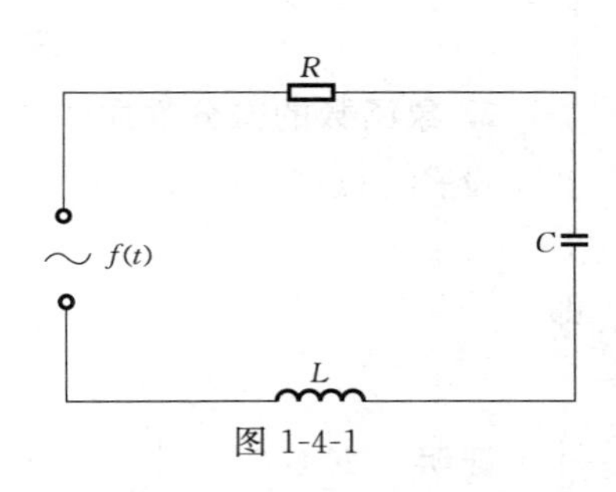

图 1-4-1

再利用 Fourier 变换的微分性质，对上式两端同时取 Fourier 变换，并记 $I(\omega)=\mathscr{F}[I(t)]$，$F(\omega)=\mathscr{F}[f(t)]$，有

$$L(\mathrm{j}\omega)^2I(\omega)+R[\mathrm{j}\omega I(\omega)]+\frac{1}{C}I(\omega)=\mathrm{j}\omega F(\omega),$$

从而

$$I(\omega)=\frac{\mathrm{j}\omega F(\omega)}{R\mathrm{j}\omega+\frac{1}{C}-L\omega^2}.$$

再求其 Fourier 逆变换，有

$$I(t)=\mathscr{F}^{-1}[I(\omega)]=\frac{1}{2\pi}\int_{-\infty}^{+\infty}\frac{\mathrm{j}\omega F(\omega)\mathrm{e}^{\mathrm{j}\omega t}}{R\mathrm{j}\omega+\frac{1}{C}-L\omega^2}\mathrm{d}\omega.$$

1.4.5 积分性质

如果当 $t\to+\infty$ 时，$g(t)=\int_{-\infty}^{t}f(t)\mathrm{d}t\to 0$，则

$$\mathscr{F}\left[\int_{-\infty}^{t}f(t)\mathrm{d}t\right]=\frac{1}{\mathrm{j}\omega}\mathscr{F}[f(t)]. \tag{1.4.11}$$

证明 因为 $\frac{\mathrm{d}}{\mathrm{d}t}\int_{-\infty}^{t}f(t)\mathrm{d}t=f(t)$，所以

$$\mathscr{F}\left[\frac{\mathrm{d}}{\mathrm{d}t}\int_{-\infty}^{t}f(t)\mathrm{d}t\right]=\mathscr{F}[f(t)],$$

又由微分性质，得

$$\mathscr{F}\left[\frac{\mathrm{d}}{\mathrm{d}t}\int_{-\infty}^{t}f(t)\mathrm{d}t\right]=\mathrm{j}\omega\mathscr{F}\left[\int_{-\infty}^{t}f(t)\mathrm{d}t\right]$$

因此

$$\mathscr{F}\left[\int_{-\infty}^{t}f(t)\mathrm{d}t\right]=\frac{1}{\mathrm{j}\omega}\mathscr{F}[f(t)].$$

一般地，当 $\lim\limits_{t\to+\infty}g(t)\neq 0$ 时，积分性质应为

$$\mathscr{F}\left[\int_{-\infty}^{t}f(t)\mathrm{d}t\right]=\frac{1}{\mathrm{j}\omega}F(\omega)+\pi F(0)\delta(\omega).$$

这个结论的证明见下一节的例 5.

例 7　解微分积分方程

$$ax^{(4)}(t)+bx(t)+c\int_{-\infty}^{t}x(t)\mathrm{d}t=g(t),$$

其中，$g(t)$为已知函数，a,b,c 为常数，$-\infty<t<\infty$.

解　设$\mathscr{F}[x(t)]=X(\omega)$，$\mathscr{F}[g(t)]=G(\omega)$.

方程两边取 Fourier 变换，利用 Fourier 变换的线性性质、微分性质和积分性质，得

$$a(\mathrm{j}\omega)^4X(\omega)+bX(\omega)+\frac{cX(\omega)}{\mathrm{j}\omega}=G(\omega),$$

解得

$$X(\omega)=\frac{\mathrm{j}\omega G(\omega)}{c+\mathrm{j}\omega(b+a\omega^4)},$$

再取 Fourier 逆变换，得

$$x(t)=\mathscr{F}^{-1}[X(\omega)]=\frac{1}{2\pi}\int_{-\infty}^{+\infty}\frac{\mathrm{j}\omega G(\omega)\mathrm{e}^{\mathrm{j}\omega t}}{c+\mathrm{j}\omega(b+a\omega^4)}\mathrm{d}\omega.$$

由此可知，应用 Fourier 变换的性质，可以把线性常系数微分积分方程转化为代数方程，通过解代数方程和 Fourier 逆变换，就可以得到原方程的解. 此外，应用 Fourier 变换还可以求解某些数学物理方程，如例 6 也可直接对关于 $I(t)$的微积分方程两边取 Fourier 变换.

*1.4.6　乘积定理

设$\mathscr{F}[f_1(t)]=F_1(\omega)$，$\mathscr{F}[f_2(t)]=F_2(\omega)$，则

$$\int_{-\infty}^{+\infty}f_1(t)f_2(t)\mathrm{d}t=\frac{1}{2\pi}\int_{-\infty}^{+\infty}\overline{F_1(\omega)}F_2(\omega)\mathrm{d}\omega$$

$$=\frac{1}{2\pi}\int_{-\infty}^{+\infty}F_1(\omega)\overline{F_2(\omega)}\mathrm{d}\omega, \qquad (1.4.12)$$

其中，$f_1(t)$，$f_2(t)$均为 t 的实函数，而$\overline{F_1(\omega)}$，$\overline{F_2(\omega)}$分别为 $F_1(\omega)$，$F_2(\omega)$的共轭函数.

证明　$$\int_{-\infty}^{+\infty}f_1(t)f_2(t)\mathrm{d}t=\int_{-\infty}^{+\infty}f_1(t)\left[\frac{1}{2\pi}\int_{-\infty}^{+\infty}F_2(\omega)\mathrm{e}^{\mathrm{j}\omega t}\mathrm{d}\omega\right]\mathrm{d}t$$

$$=\frac{1}{2\pi}\int_{-\infty}^{+\infty}F_2(\omega)\left[\int_{-\infty}^{+\infty}f_1(t)\mathrm{e}^{\mathrm{j}\omega t}\mathrm{d}t\right]\mathrm{d}\omega.$$

因为 $\mathrm{e}^{\mathrm{j}\omega t}=\overline{\mathrm{e}^{-\mathrm{j}\omega t}}$，而 $f_1(t)$是时间 t 的实函数，所以

$$f_1(t)\mathrm{e}^{\mathrm{j}\omega t}=f_1(t)\overline{\mathrm{e}^{-\mathrm{j}\omega t}}=\overline{f_1(t)\mathrm{e}^{-\mathrm{j}\omega t}},$$

因此，得

$$\int_{-\infty}^{+\infty} f_1(t) f_2(t) \mathrm{d}t = \frac{1}{2\pi}\int_{-\infty}^{+\infty} F_2(\omega)\left[\int_{-\infty}^{+\infty} \overline{f_1(t)\mathrm{e}^{-\mathrm{j}\omega t}}\mathrm{d}t\right]\mathrm{d}\omega$$

$$= \frac{1}{2\pi}\int_{-\infty}^{+\infty} F_2(\omega)\left[\overline{\int_{-\infty}^{+\infty} f_1(t)\mathrm{e}^{-\mathrm{j}\omega t}\mathrm{d}t}\right]\mathrm{d}\omega$$

$$= \frac{1}{2\pi}\int_{-\infty}^{+\infty} \overline{F_1(\omega)} F_2(\omega)\mathrm{d}\omega.$$

同理可证

$$\int_{-\infty}^{+\infty} f_1(t) f_2(t) \mathrm{d}t = \frac{1}{2\pi}\int_{-\infty}^{+\infty} F_1(\omega)\,\overline{F_2(\omega)}\mathrm{d}\omega.$$

由上述乘积性质可以引出一个非常重要的结论——能量积分公式，这在理论上和应用上都有很大价值.

*1.4.7 能量积分

设$\mathscr{F}[f(t)]=F(\omega)$，则

$$\int_{-\infty}^{+\infty} [f(t)]^2 \mathrm{d}t = \frac{1}{2\pi}\int_{-\infty}^{+\infty} |F(\omega)|^2 \mathrm{d}\omega. \tag{1.4.13}$$

这一等式又称为**帕塞瓦尔(Parseval)等式**.

证明 在乘积定理中，令 $f_1(t)=f_2(t)$，则

$$\int_{-\infty}^{+\infty} [f(t)]^2 \mathrm{d}t = \frac{1}{2\pi}\int_{-\infty}^{+\infty} F(\omega)\,\overline{F(\omega)}\mathrm{d}\omega$$

$$= \frac{1}{2\pi}\int_{-\infty}^{+\infty} |F(\omega)|^2 \mathrm{d}\omega = \frac{1}{2\pi}\int_{-\infty}^{+\infty} S(\omega)\mathrm{d}\omega,$$

其中，

$$S(\omega) = |F(\omega)|^2$$

称为**能量密度函数**(或称**能量谱密度**). 它可以决定函数 $f(t)$的能量分布规律，将它对所有频率积分就得到 $f(t)$的总能量 $\int_{-\infty}^{+\infty}[f(t)]^2\mathrm{d}t$. 故帕塞瓦尔等式又称为**能量积分**.

显然，能量密度函数 $S(\omega)$是 ω 的偶函数，即

$$S(\omega) = S(-\omega).$$

利用能量积分还可以计算某些积分的值.

例 8 求 $\int_{-\infty}^{+\infty} \frac{\sin^2 t}{t^2}\mathrm{d}t$.

解 若设 $f(t)=\frac{\sin t}{t}$，则由附录 A 中第 5 式得到

$$F(\omega) = \begin{cases} \pi & 当\,|\omega|<1 \\ 0 & 其他 \end{cases},$$

从而由帕塞瓦尔等式,有

$$\int_{-\infty}^{+\infty}\frac{\sin^2 t}{t^2}\mathrm{d}t=\frac{1}{2\pi}\int_{-\infty}^{+\infty}|F(\omega)|^2\mathrm{d}\omega=\frac{1}{2\pi}\int_{-1}^{1}\pi^2\mathrm{d}\omega=\pi.$$

由此例可以看出,当求一个函数的平方$[f(t)]^2$在$(-\infty,+\infty)$上的积分,而原函数不好确定时,可取$f(t)$为象原函数,利用 Parseval 等式求出.

习 题 1.4

1. 求$f(t)=\sin^2 2t$的 Fourier 变换.

2. 设$F(\omega)=\mathscr{F}[f(t)]$,证明:

(1)翻转性质:$F(-\omega)=\mathscr{F}[f(-t)]$;

(2)对称性质:$\mathscr{F}[F(\mp t)]=2\pi f(\pm\omega)$.

3. 设$F(\omega)=\mathscr{F}[f(t)]$,利用 Fourier 变换的性质求下列函数的 Fourier 变换.

(1)$tf(2t)$; (2)$(t-2)f(-t)$; (3)$t^3f(2t)$;

(4)$tf'(t)$; (5)$f(2t-3)$; (6)$f(3-2t)$.

4. 证明$tu(t)$的 Fourier 变换为$\mathrm{j}\pi\delta'(\omega)+\frac{1}{(\mathrm{j}\omega)^2}$.

5. 求下列函数的 Fourier 变换.

(1)$f(t)=\mathrm{e}^{\mathrm{j}\omega_0 t}u(t)$; (2)$f(t)=\mathrm{e}^{\mathrm{j}\omega_0 t}tu(t)$;

(3)$f(t)=\mathrm{e}^{\mathrm{j}\omega_0 t}u(t-1)$; (4)$f(t)=u(t)\sin\omega_0 t$.

6. 求积分方程$x'(t)-4\int_{-\infty}^{t}x(t)\mathrm{d}t=\mathrm{e}^{-|t|}$的解.

7. 求符号函数$\operatorname{sgn}(t)=\begin{cases}1 & 当\ t>0\\ 0 & 当\ t=0\\ -1 & 当\ t<0\end{cases}$的 Fourier 变换.

(提示:$\operatorname{sgn}(t)=2u(t)-1$或$\operatorname{sgn}(t)=u(t)-u(-t)$).

§1.5 卷积与相关函数

上一节我们已经介绍了 Fourier 变换的一些基本性质,在这一节我们要继续介绍 Fourier 变换的另一类重要性质——卷积.它们都是分析线性系统的极为有用的工具,利用卷积定理也可以求解微分、积分方程,求解步骤和上一节利用微分、积分性质解方程的步骤类似,在此不再重复叙述.此外,我们还引入了相关函数的概念,并建立相关函数和能量谱密度的关系.

1.5.1 卷积与卷积定理

1. 卷积的概念

定义 1.5.1 设 $f_1(t)$，$f_2(t)$是定义在$(-\infty,+\infty)$上的两个函数,如果积分

$$\int_{-\infty}^{+\infty} f_1(\tau) f_2(t-\tau)\mathrm{d}\tau$$

存在,则称其为函数 $f_1(t)$,$f_2(t)$的**卷积**,记为 $f_1(t) * f_2(t)$,即

$$f_1(t) * f_2(t) = \int_{-\infty}^{+\infty} f_1(\tau) f_2(t-\tau)\mathrm{d}\tau. \tag{1.5.1}$$

例 1 设 $f_1(t)=\begin{cases}0 & 当\ t<0\\ 1 & 当\ t\geqslant 0\end{cases}$,$f_2(t)=\begin{cases}0 & 当\ t<0\\ \mathrm{e}^{-t} & 当\ t\geqslant 0\end{cases}$,求 $f_1(t) * f_2(t)$.

解 如图 1-5-1 所示,当 $t<0$ 时,$f_1(\tau)f_2(t-\tau)=0$,从而

$$f_1(t) * f_2(t) = \int_{-\infty}^{+\infty} f_1(\tau) f_2(t-\tau)\mathrm{d}\tau = 0;$$

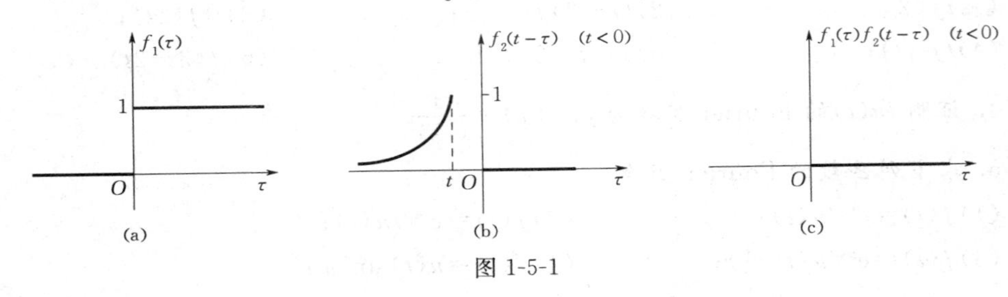

图 1-5-1

当 $t\geqslant 0$ 时,如图 1-5-2 所示,$f_1(\tau)f_2(t-\tau)\neq 0$ 的区间为$[0,t]$,因此,

$$f_1(t) * f_2(t) = \int_{-\infty}^{+\infty} f_1(\tau) f_2(t-\tau)\mathrm{d}\tau = \int_0^t 1\cdot \mathrm{e}^{-(t-\tau)}\mathrm{d}\tau$$
$$= \mathrm{e}^{-t}\int_0^t \mathrm{e}^{\tau}\mathrm{d}\tau = \mathrm{e}^{-t}(\mathrm{e}^{t}-1) = 1-\mathrm{e}^{-t},$$

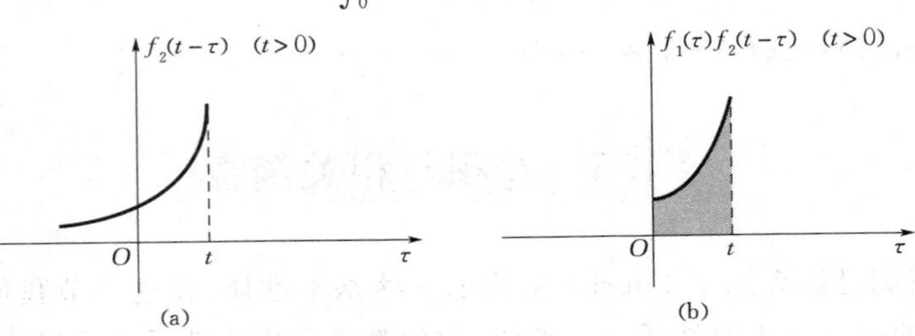

图 1-5-2

即

$$f_1(t)*f_2(t)=\begin{cases}0 & 当\ t<0\\ 1-e^{-t} & 当\ t\geqslant 0\end{cases}.$$

此外,确定 $f_1(\tau)f_2(t-\tau)\neq 0$ 的区间还可以通过解不等式来实现.对于上例,只需

$$\begin{cases}\tau\geqslant 0\\ t-\tau\geqslant 0\end{cases},$$

即$\begin{cases}\tau\geqslant 0\\ \tau\leqslant t\end{cases}$成立,可见当 $t\geqslant 0$ 时,使得 $f_1(\tau)f_2(t-\tau)\neq 0$ 的区间为$[0,t]$,因此

$$f_1(t)*f_2(t)=\int_0^t 1\cdot e^{-(t-2)}d\tau.$$

例 2 设 $f_1(t)=\begin{cases}0 & 当\ t<0\\ 1-t & 当\ 0\leqslant t\leqslant 1\\ 0 & 当\ t>1\end{cases}$, $f_2(t)=\begin{cases}0 & 当\ t<0\\ 1 & 当\ 0\leqslant t\leqslant 2\\ 0 & 当\ t>2\end{cases}$,求 $f_1(t)*f_2(t)$.

解 确定 $f_1(\tau)f_2(t-\tau)\neq 0$ 的区间,需解不等式组

$$\begin{cases}0\leqslant\tau\leqslant 1\\ 0\leqslant t-\tau\leqslant 2\end{cases},$$

即

$$\begin{cases}0\leqslant\tau\leqslant 1\\ t-2\leqslant\tau\leqslant t\end{cases}.$$

可见,当 $t<0$ 时,此不等式组没有交集,也即 $f_1(\tau)f_2(t-\tau)=0$,从而

$$f_1(t)*f_2(t)=\int_{-\infty}^{+\infty}f_1(\tau)f_2(t-\tau)d\tau=0;$$

当 $0\leqslant t<1$ 时,$f_1(\tau)f_2(t-\tau)\neq 0$ 的区间为$[0,t]$,卷积为

$$f_1(t)*f_2(t)=\int_0^t(1-\tau)d\tau=t-\frac{t^2}{2};$$

当 $1\leqslant t<2$ 时,$f_1(\tau)f_2(t-\tau)\neq 0$ 的区间为$[0,1]$,卷积为

$$f_1(t)*f_2(t)=\int_0^1(1-\tau)d\tau=\frac{1}{2};$$

当 $2\leqslant t\leqslant 3$ 时,$f_1(\tau)f_2(t-\tau)\neq 0$ 的区间为$[t-2,1]$,卷积为

$$f_1(t)*f_2(t)=\int_{t-2}^1(1-\tau)d\tau=\frac{9}{2}-3t+\frac{t^2}{2};$$

当 $t>3$ 时,$f_1(\tau)f_2(t-\tau)=0$,从而

$$f_1(t)*f_2(t)=\int_{-\infty}^{+\infty}f_1(\tau)f_2(t-\tau)d\tau=0.$$

综上,得

$$f_1(t)*f_2(t)=\begin{cases}0 & \text{当 } t<0 \text{ 或 } t>3\\ t-\dfrac{t^2}{2} & \text{当 } 0\leqslant t<1\\ \dfrac{1}{2} & \text{当 } 1\leqslant t<2\\ \dfrac{9}{2}-3t+\dfrac{t^2}{2} & \text{当 } 2\leqslant t\leqslant 3\end{cases}.$$

2. 卷积的性质

(1)交换律：$f_1(t)*f_2(t)=f_2(t)*f_1(t)$.

证明 作变量替换 $u=t-\tau$，得

$$\begin{aligned}f_1(t)*f_2(t)&=\int_{-\infty}^{+\infty}f_1(\tau)f_2(t-\tau)\mathrm{d}\tau\\&=-\int_{-\infty}^{+\infty}f_1(t-u)f_2(u)(-\mathrm{d}u)\\&=\int_{-\infty}^{+\infty}f_2(u)f_1(t-u)\mathrm{d}u=f_2(t)*f_1(t).\end{aligned}$$

(2)结合律：$f_1(t)*[f_2(t)*f_3(t)]=[f_1(t)*f_2(t)]*f_3(t)$.

(3)分配律：$f_1(t)*[f_2(t)+f_3(t)]=f_1(t)*f_2(t)+f_1(t)*f_3(t)$.

证明 根据卷积的定义，有

$$\begin{aligned}f_1(t)*[f_2(t)+f_3(t)]&=\int_{-\infty}^{+\infty}f_1(\tau)[f_2(t-\tau)+f_3(t-\tau)]\mathrm{d}\tau\\&=\int_{-\infty}^{+\infty}f_1(\tau)f_2(t-\tau)\mathrm{d}\tau+\int_{-\infty}^{+\infty}f_1(\tau)f_3(t-\tau)\mathrm{d}\tau\\&=f_1(t)*f_2(t)+f_1(t)*f_3(t).\end{aligned}$$

(4)数乘：$k[f_1(t)*f_2(t)]=[kf_1(t)]*f_2(t)=f_1(t)*[kf_2(t)]$（$k$ 为常数）.

(5)卷积的微分：$\dfrac{\mathrm{d}}{\mathrm{d}t}[f_1(t)*f_2(t)]=\dfrac{\mathrm{d}}{\mathrm{d}t}f_1(t)*f_2(t)=f_1(t)*\dfrac{\mathrm{d}}{\mathrm{d}t}f_2(t)$.

(6)卷积的积分：

$$\int_{-\infty}^{t}[f_1(\xi)*f_2(\xi)]\mathrm{d}\xi=f_1(t)*\int_{-\infty}^{t}f_2(\xi)\mathrm{d}\xi=\int_{-\infty}^{t}f_1(\xi)\mathrm{d}\xi*f_2(t).$$

(7)卷积不等式：$|f_1(t)*f_2(t)|\leqslant|f_1(t)|*|f_2(t)|$.

其余结论的证明留给读者自行完成.

3. 卷积定理

定理 1.5.1 设$\mathscr{F}[f_1(t)]=F_1(\omega)$，$\mathscr{F}[f_2(t)]=F_2(\omega)$，则

(1)$\mathscr{F}[f_1(t)*f_2(t)]=F_1(\omega)\cdot F_2(\omega)$，或 $\mathscr{F}^{-1}[F_1(\omega)\cdot F_2(\omega)]=f_1(t)*f_2(t)$.

$$(1.5.2)$$

(2) $\mathscr{F}[f_1(t)\cdot f_2(t)]=\frac{1}{2\pi}F_1(\omega)*F_2(\omega)$. (1.5.3)

证明　(1) 由卷积与 Fourier 变换的定义，有

$$\begin{aligned}\mathscr{F}[f_1(t)*f_2(t)] &= \int_{-\infty}^{+\infty}[f_1(t)*f_2(t)]e^{-j\omega t}dt \\ &= \int_{-\infty}^{+\infty}\left[\int_{-\infty}^{+\infty}f_1(\tau)f_2(t-\tau)d\tau\right]e^{-j\omega t}dt \\ &= \int_{-\infty}^{+\infty}\left[\int_{-\infty}^{+\infty}f_1(\tau)e^{-j\omega\tau}f_2(t-\tau)e^{-j\omega(t-\tau)}d\tau\right]dt \\ &= \int_{-\infty}^{+\infty}f_1(\tau)e^{-j\omega\tau}d\tau\int_{-\infty}^{+\infty}f_2(t-\tau)e^{-j\omega(t-\tau)}dt \\ &= F_1(\omega)\cdot F_2(\omega).\end{aligned}$$

(2)式的证明留给读者自行完成.

例 3　求解微积分方程

$$x'(t)+\int_{-\infty}^{+\infty}x(\tau)f(t-\tau)d\tau=h(t),$$

其中，$f(t)$，$h(t)$为已知函数.

解　设$\mathscr{F}[f(t)]=F(\omega)$，$\mathscr{F}[h(t)]=H(\omega)$，$\mathscr{F}[x(t)]=X(\omega)$. 方程两边取 Fourier 变换，利用微分性质及卷积定理，得

$$j\omega X(\omega)+X(\omega)F(\omega)=H(\omega),$$

解得

$$X(\omega)=\frac{H(\omega)}{j\omega+F(\omega)}.$$

再取 Fourier 逆变换，得

$$x(t)=\mathscr{F}^{-1}[X(\omega)]=\frac{1}{2\pi}\int_{-\infty}^{+\infty}\frac{H(\omega)}{j\omega+F(\omega)}e^{j\omega t}d\omega.$$

*1.5.2　相关函数

相关函数的概念和卷积的概念一样，都是频谱分析中的一个重要概念.

1. 相关函数的概念

定义 1.5.2　对于两个不同的函数 $f_1(t)$和 $f_2(t)$，积分

$$\int_{-\infty}^{+\infty}f_1(t)f_2(t+\tau)dt$$

称为两个函数 $f_1(t)$和 $f_2(t)$的**互相关函数**，用记号 $R_{12}(\tau)$表示，即

$$R_{12}(\tau)=\int_{-\infty}^{+\infty}f_1(t)f_2(t+\tau)dt, \tag{1.5.4}$$

而记

$$R_{21}(\tau)=\int_{-\infty}^{+\infty}f_1(t+\tau)f_2(t)\mathrm{d}t.$$

且

$$\begin{aligned}R_{21}(-\tau)&=\int_{-\infty}^{+\infty}f_1(t-\tau)f_2(t)\mathrm{d}t\\&\xlongequal{u=t-\tau}\int_{-\infty}^{+\infty}f_1(u)f_2(u+\tau)\mathrm{d}u\\&=R_{12}(\tau).\end{aligned}$$

当 $f_1(t)=f_2(t)=f(t)$ 时，积分

$$\int_{-\infty}^{+\infty}f(t)f(t+\tau)\mathrm{d}t \tag{1.5.5}$$

称为函数 $f(t)$ 的**自相关函数**（简称**相关函数**），用记号 $R(\tau)$ 表示，即

$$R(\tau)=\int_{-\infty}^{+\infty}f(t)f(t+\tau)\mathrm{d}t.$$

显然，自相关函数是偶函数，即

$$R(\tau)=R(-\tau).$$

2. 相关函数和能量谱密度的关系

在乘积定理中，令 $f_1(t)=f(t)$，$f_2(t)=f(t+\tau)$ 且 $F(\omega)=\mathscr{F}[f(t)]$，由位移性质，得

$$\begin{aligned}\int_{-\infty}^{+\infty}f(t)f(t+\tau)\mathrm{d}t&=\frac{1}{2\pi}\int_{-\infty}^{+\infty}\overline{F(\omega)}F(\omega)\mathrm{e}^{\mathrm{j}\omega\tau}\mathrm{d}\omega\\&=\frac{1}{2\pi}\int_{-\infty}^{+\infty}|F(\omega)|^2\mathrm{e}^{\mathrm{j}\omega\tau}\mathrm{d}\omega\\&=\frac{1}{2\pi}\int_{-\infty}^{+\infty}S(\omega)\mathrm{e}^{\mathrm{j}\omega\tau}\mathrm{d}\omega,\end{aligned}$$

即

$$R(\tau)=\frac{1}{2\pi}\int_{-\infty}^{+\infty}S(\omega)\mathrm{e}^{\mathrm{j}\omega\tau}\mathrm{d}\omega,$$

由能量谱密度的定义可以推得

$$S(\omega)=\int_{-\infty}^{+\infty}R(\tau)\mathrm{e}^{-\mathrm{j}\omega\tau}\mathrm{d}\tau.$$

由此可见，自相关函数 $R(\tau)$ 和能量谱密度 $S(\omega)$ 构成了一个 Fourier 变换对：

$$R(\tau)=\frac{1}{2\pi}\int_{-\infty}^{+\infty}S(\omega)\mathrm{e}^{\mathrm{j}\omega\tau}\mathrm{d}\omega, \tag{1.5.6}$$

$$S(\omega)=\int_{-\infty}^{+\infty}R(\tau)\mathrm{e}^{-\mathrm{j}\omega\tau}\mathrm{d}\tau. \tag{1.5.7}$$

利用相关函数 $R(\tau)$ 及 $S(\omega)$ 的偶函数性质，可将式(1.5.6)和式(1.5.7)写成三角函数的形式：

$$R(\tau)=\frac{1}{2\pi}\int_{-\infty}^{+\infty}S(\omega)\cos\omega\tau\,\mathrm{d}\omega, \tag{1.5.8}$$

$$S(\omega)=\int_{-\infty}^{+\infty}R(\tau)\cos\omega\tau\,\mathrm{d}\tau. \tag{1.5.9}$$

当 $\tau=0$ 时，

$$R(0)=\int_{-\infty}^{+\infty}[f(t)]^2\mathrm{d}t=\frac{1}{2\pi}\int_{-\infty}^{+\infty}S(\omega)\mathrm{d}\omega,$$

即帕塞瓦尔等式.

记 $F_1(\omega)=\mathscr{F}[f_1(t)]$，$F_2(\omega)=\mathscr{F}[f_2(t)]$，根据乘积原理，有

$$R_{12}(\tau)=\int_{-\infty}^{+\infty}f_1(t)f_2(t+\tau)\mathrm{d}t=\frac{1}{2\pi}\int_{-\infty}^{+\infty}\overline{F_1(\omega)}F_2(\omega)\mathrm{e}^{\mathrm{j}\omega\tau}\mathrm{d}\omega,$$

称 $S_{12}(\omega)=\overline{F_1(\omega)}F_2(\omega)$ 为**互能量谱密度**. 同样，它和互相关函数也构成一个 Fourier 变换对：

$$R_{12}(\tau)=\frac{1}{2\pi}\int_{-\infty}^{+\infty}S_{12}(\omega)\mathrm{e}^{\mathrm{j}\omega\tau}\mathrm{d}\omega, \tag{1.5.10}$$

$$S_{12}(\omega)=\int_{-\infty}^{+\infty}R_{12}(\tau)\mathrm{e}^{-\mathrm{j}\omega\tau}\mathrm{d}\tau. \tag{1.5.11}$$

而且，互能量谱密度有如下性质：

$$S_{21}(\omega)=\overline{S_{12}(\omega)},$$

这里

$$S_{21}(\omega)=F_1(\omega)\overline{F_2(\omega)}.$$

例 4　求指数衰减函数 $f(t)=\begin{cases}0 & 当\ t<0\\ \mathrm{e}^{-\beta t} & 当\ t\geqslant 0\end{cases}$ $(\beta>0)$ 的自相关函数和能量谱密度.

解　由自相关函数的定义，有

$$R(\tau)=\int_{-\infty}^{+\infty}f(t)f(t+\tau)\mathrm{d}t.$$

$f(t)f(t+\tau)\neq 0$ 的区间可以从图 1-5-3 中看出：

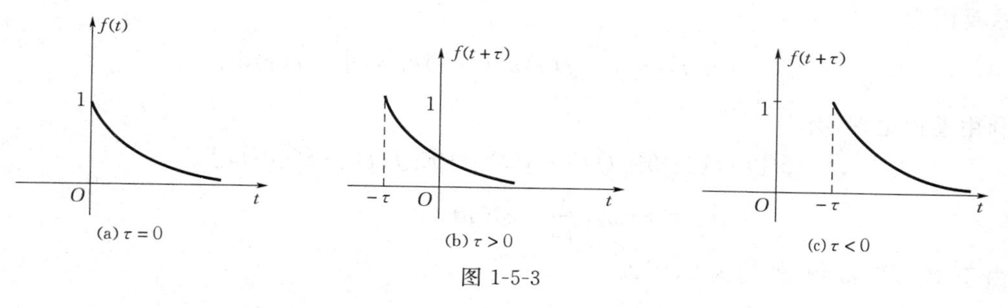

图 1-5-3

当 $\tau\geqslant 0$ 时，积分区间为 $[0,+\infty)$，所以

$$R(\tau)=\int_{-\infty}^{+\infty}f(t)f(t+\tau)\mathrm{d}t=\int_{0}^{+\infty}\mathrm{e}^{-\beta t}\mathrm{e}^{-\beta(t+\tau)}\mathrm{d}t$$

$$= \frac{e^{-\beta\tau}}{-2\beta}e^{-2\beta t}\Big|_0^{+\infty} = \frac{e^{-\beta\tau}}{2\beta};$$

当 $\tau<0$ 时，积分区间为 $[-\tau,+\infty)$，所以

$$R(\tau) = \int_{-\infty}^{+\infty} f(t)f(t+\tau)\,dt = \int_{-\tau}^{+\infty} e^{-\beta t}e^{-\beta(t+\tau)}\,dt$$

$$= \frac{e^{-\beta\tau}}{-2\beta}e^{-2\beta t}\Big|_{-\tau}^{+\infty} = \frac{e^{\beta\tau}}{2\beta},$$

因此，当 $-\infty<\tau<+\infty$ 时，自相关函数可以合写为

$$R(\tau)=\frac{1}{2\beta}e^{-\beta|\tau|}.$$

将此结果代入式(1.5.7)，得到能量谱密度为

$$S(\omega) = \int_{-\infty}^{+\infty} R(\tau)e^{-j\omega\tau}\,d\tau = \int_{-\infty}^{+\infty} \frac{1}{2\beta}e^{-\beta|\tau|}e^{-j\omega\tau}\,d\tau$$

$$= \frac{1}{\beta}\int_0^{+\infty} e^{-\beta\tau}\cos\omega\tau\,d\tau = \frac{1}{\beta}\cdot\frac{\beta}{\beta^2+\omega^2} = \frac{1}{\beta^2+\omega^2}.$$

本节和上一节讨论的是古典意义下的 Fourier 变换的一些性质. 对于广义 Fourier 变换来说，除了积分性质的结果稍有不同以外，其他性质形式上都相同.

例 5 设 $F(\omega)=\mathscr{F}[f(t)]$，证明：

$$\mathscr{F}\left[\int_{-\infty}^{t} f(t)\,dt\right]= \frac{F(\omega)}{j\omega} + \pi F(0)\delta(\omega).$$

解 令 $g(t) = \int_{-\infty}^{t} f(t)\,dt$，当 $g(t)$ 满足 Fourier 积分定理的条件时，有

$$\mathscr{F}\left[\int_{-\infty}^{t} f(t)\,dt\right]= \frac{F(\omega)}{j\omega},$$

当 $g(t)$ 为一般情况时，可将 $g(t)$ 表示成 $f(t)$ 和 $u(t)$ 的卷积，即

$$g(t)=f(t)*u(t),$$

这是因为

$$f(t)*u(t) = \int_{-\infty}^{+\infty} f(\tau)u(t-\tau)\,d\tau = \int_{-\infty}^{t} f(\tau)\,d\tau.$$

利用卷积定理，有

$$\mathscr{F}[g(t)]=\mathscr{F}[f(t)*u(t)]=\mathscr{F}[f(t)]\cdot\mathscr{F}[u(t)]$$

$$=F(\omega)\left[\frac{1}{j\omega}+\pi\delta(\omega)\right].$$

由于 $\delta(\omega)$ 除 $\omega=0$ 外均为 0，所以

$$\mathscr{F}[g(t)]=\frac{1}{j\omega}F(\omega)+\pi F(0)\delta(\omega).$$

特别地，当 $g(t)$ 在 $(-\infty,+\infty)$ 上绝对可积时，可以证明 $\lim\limits_{t\to+\infty} g(t)=0$，即

$$\int_{-\infty}^{+\infty} f(t)\,\mathrm{d}t = 0.$$

这时有

$$F(0) = \lim_{\omega\to 0} F(\omega) = \lim_{\omega\to 0}\int_{-\infty}^{+\infty} f(t)\mathrm{e}^{-\mathrm{j}\omega t}\,\mathrm{d}t$$
$$= \int_{-\infty}^{+\infty}\lim_{\omega\to 0}[f(t)\mathrm{e}^{-\mathrm{j}\omega t}]\,\mathrm{d}t = \int_{-\infty}^{+\infty} f(t)\,\mathrm{d}t = 0.$$

因此，当 $\lim\limits_{t\to+\infty} g(t)=0$ 时，有 $F(0)=0$，这与前面的积分性质一致.

习　题　1.5

1. 证明下列各式.

(1)$f(t) * \delta(t)=f(t)$；

(2)$f(t) * \delta'(t)=f'(t)$；

(3)$f(t) * u(t)=\int_{-\infty}^{t} f(\tau)\,\mathrm{d}\tau$.

2. 若 $f_1(t)=\begin{cases}1 & 当\ t\geqslant 0\\ 0 & 当\ t<0\end{cases}$，$f_2(t)=\begin{cases}\sin t & 当\ t\geqslant 0\\ 0 & 当\ t<0\end{cases}$，求 $f_1(t) * f_2(t)$.

3. 若 $f_1(t)=\begin{cases}\mathrm{e}^{-t} & 当\ t\geqslant 0\\ 0 & 当\ t<0\end{cases}$，$f_2(t)=\begin{cases}\sin t & 当\ 0\leqslant t\leqslant \dfrac{\pi}{2}\\ 0 & 其他\end{cases}$，求 $f_1(t) * f_2(t)$.

4. 设 $F_1(\omega)=\mathscr{F}[f_1(t)]$，$F_2(\omega)=\mathscr{F}[f_2(t)]$，证明：$F_1(\omega) * F_2(\omega)=2\pi\mathscr{F}[f_1(t)\cdot f_2(t)]$.

5. 求解下列积分方程.

(1) $\displaystyle\int_{-\infty}^{+\infty}\frac{y(\tau)}{(t-\tau)^2+a^2}\mathrm{d}\tau = \frac{1}{t^2+b^2}\quad (0<a<b)$；

(2) $\displaystyle\int_{-\infty}^{+\infty}\mathrm{e}^{-|t-\tau|}y(\tau)\,\mathrm{d}\tau = \sqrt{2\pi}\mathrm{e}^{-\frac{t^2}{2}}$.

6. 证明互相关函数和互能量谱密度的下列性质：

(1)$R_{21}(\tau)=R_{12}(-\tau)$；

(2)$S_{21}(\omega)=\overline{S_{12}(\omega)}$.

7. 已知某信号的相关函数为 $R(\tau)=\dfrac{1}{4}\mathrm{e}^{-2a|\tau|}$，求它的能量谱密度 $S(\omega)$.

8. 已知函数 $f_1(t)=\begin{cases}\dfrac{b}{a}t & 当\ 0\leqslant t\leqslant a\\ 0 & 其他\end{cases}$，$f_2(t)=\begin{cases}1 & 当\ 0\leqslant t\leqslant a\\ 0 & 其他\end{cases}$，求 $f_1(t)$和 $f_2(t)$的互相关函数 $R_{12}(\tau)$.

第2章 Laplace 变换

Laplace 变换是另一类重要的积分变换，它是在 Fourier 变换的基础上加以改造而来的. Laplace 变换是由英国工程师赫维赛德(O. heaviside)为解决当时的电工计算问题，于 19 世纪末提出的，称为“算子法”，后由法国数学家拉普拉斯(P. S. Laplace)给出了严格的数学定义.

Laplace 变换方法是一种更实用的数学方法，与 Fourier 变换相比，它放宽了对函数的限制使之更适合工程实际，因此在电学、力学等众多的工程技术与科学研究领域得到广泛的应用，是现代电路和系统分析的重要工具，特别是在电学、自动控制、力学等科学系统中，通常是根据所研究的问题建立数学模型，这个数学模型在很多情况下是线性微分或积分方程，若用高等数学中的方法直接求解这些方程，通常工作量很大，比较困难，但若用 Laplace 变换方法，把已知的时域函数转化为频域函数，从而把时域的复杂的微积分方程转化为频域的简单方程，则是一种十分简单有效的方法.

本章首先介绍 Laplace 变换的定义；然后是 Laplace 变换的性质及逆变换；最后结合工程及电路中的实际问题，建立数学模型，用 Laplace 变换的方法解决问题.

§2.1 Laplace 变换

2.1.1 问题的提出

由第 1 章可知，函数 $f(t)$在$(-\infty, +\infty)$上满足：

(1) $f(t)$在任一有限区间上满足 Dirichlet 条件；

(2) $f(t)$在$(-\infty, +\infty)$上绝对可积，即积分 $\int_{-\infty}^{+\infty} |f(t)| \mathrm{d}t$ 存在.

则函数 $f(t)$的 Fourier 变换一定存在.

而条件(2)比较苛刻，首先许多函数，即使是很简单的函数，如单位阶跃函数 $u(t)$，三角函数 $\sin t$，$\cos t$，以及多项式函数都不满足这个条件. 例如，对于单位阶跃函数 $u(t)$，$\int_{-\infty}^{+\infty} |u(t)| \mathrm{d}t = \int_{0}^{+\infty} 1 \mathrm{d}t = +\infty$.

其次，很多物理、线性控制等实际应用中以时间 t 作为自变量的函数在 $t<0$ 时是

无意义的或者是不需要考虑的.这些函数的 Fourier 变换不存在,这就使 Fourier 变换的应用范围受到很大的限制,因而需要对 Fourier 变换进行适当的改造.

考虑对于任意一个函数 $f(t)$,能否经过适当的改造使其进行 Fourier 变换时克服以上两个缺点呢?联想到之前介绍的单位阶跃函数 $u(t)$,以及指数衰减函数 $e^{-\beta t}(\beta>0)$所具备的特点,得到了如下解决方法:

(1) 将 $f(t)$乘 $u(t)$,使积分区间由$(-\infty,+\infty)$变成$[0,+\infty)$;

(2)再乘 $e^{-\beta t}(\beta>0)$($e^{-\beta t}$的下降速度非常快),有可能使 $f(t)$变得绝对可积.

即

$$f(t)\cdot u(t)\cdot e^{-\beta t}\quad(\beta>0),$$

只要 β 选取适当,一般来说,此函数的 Fourier 变换总是存在的.

对函数 $f(t)\cdot u(t)\cdot e^{-\beta t}(\beta>0)$取 Fourier 变换,可得

$$\begin{aligned}\mathscr{F}[f(t)u(t)e^{-\beta t}]&=\int_{-\infty}^{+\infty}f(t)u(t)e^{-\beta t}e^{-j\omega t}dt=\int_{0}^{+\infty}f(t)e^{-(\beta+j\omega)t}dt\\&=\int_{0}^{+\infty}f(t)e^{-st}dt,\end{aligned}$$

其中,$s=\beta+j\omega$ 为复参量.

2.1.2 Laplace 变换的概念

定义 2.1.1 设函数 $f(t)$当 $t\geqslant0$ 时有定义,且积分

$$\int_{0}^{+\infty}f(t)e^{-st}dt\quad(s\text{ 是一个复参量})$$

在复平面 s 的某一域内收敛,则称由此积分所确定的函数

$$F(s)=\int_{0}^{+\infty}f(t)e^{-st}dt \tag{2.1.1}$$

为函数 $f(t)$的 **Laplace 变换**,记为

$$F(s)=\mathscr{L}[f(t)],$$

或称 $F(s)$为 $f(t)$的**象函数**,其中 e^{-st}称为**收敛因子**.

若 $F(s)$是为 $f(t)$的 Laplace 变换,则称 $f(t)$为 $F(s)$的 **Laplace 逆变换**(或称**象原函数**),记为

$$f(t)=\mathscr{L}^{-1}[F(s)].$$

由式(2.1.1)可以看出,$f(t)$的 Laplace 变换,实际上为 $f(t)\cdot u(t)\cdot e^{-\beta t}$的 Fourier 变换.

2.1.3 常见函数的 Laplace 变换

例 1 求单位阶跃函数 $u(t)=\begin{cases}0 & 当\ t<0\\1 & 当\ t>0\end{cases}$的 Laplace 变换.

解 由式(2.1.1)知,
$$\mathscr{L}[u(t)]=\int_0^{+\infty}u(t)\mathrm{e}^{-st}\mathrm{d}t=\int_0^{+\infty}\mathrm{e}^{-st}\mathrm{d}t=-\frac{1}{s}\mathrm{e}^{-st}\Big|_0^{+\infty},$$
当 $\mathrm{Re}(s)>0$ 时,显然有 $\lim\limits_{t\to+\infty}\mathrm{e}^{-st}=0$,故当 $\mathrm{Re}(s)>0$ 时,
$$\mathscr{L}[u(t)]=\frac{1}{s}.$$

例 2 求指数函数 $f(t)=\mathrm{e}^{kt}$(k 为实常数)的 Laplace 变换.

解 由式(2.1.1)知,
$$\mathscr{L}[\mathrm{e}^{kt}]=\int_0^{+\infty}\mathrm{e}^{kt}\mathrm{e}^{-st}\mathrm{d}t=\int_0^{+\infty}\mathrm{e}^{-(s-k)t}\mathrm{d}t=-\frac{1}{s-k}\mathrm{e}^{-(s-k)t}\Big|_0^{+\infty},$$
当 $\mathrm{Re}(s)>k$ 时,显然有 $\lim\limits_{t\to+\infty}\mathrm{e}^{-(s-k)t}=0$,故当 $\mathrm{Re}(s)>k$ 时,
$$\mathscr{L}[\mathrm{e}^{kt}]=\frac{1}{s-k}.$$

例 3 求余弦函数 $f(t)=\cos kt$(k 为实常数)的 Laplace 变换.

解
$$\mathscr{L}[\cos kt]=\int_0^{+\infty}\cos kt\,\mathrm{e}^{-st}\mathrm{d}t=\int_0^{+\infty}\frac{\mathrm{e}^{\mathrm{j}kt}+\mathrm{e}^{-\mathrm{j}kt}}{2}\mathrm{e}^{-st}\mathrm{d}t=\frac{1}{2}\int_0^{+\infty}[\mathrm{e}^{-(s-\mathrm{j}k)t}+\mathrm{e}^{-(s+\mathrm{j}k)t}]\mathrm{d}t,$$
当 $\mathrm{Re}(s)>0$ 时,显然有 $\lim\limits_{t\to+\infty}\mathrm{e}^{-(s-\mathrm{j}k)t}=0$ 和 $\lim\limits_{t\to+\infty}\mathrm{e}^{-(s+\mathrm{j}k)t}=0$,故当 $\mathrm{Re}(s)>0$ 时,
$$\mathscr{L}[\cos kt]=\frac{1}{2}\left(\frac{1}{s-\mathrm{j}k}+\frac{1}{s+\mathrm{j}k}\right)=\frac{s}{s^2+k^2}.$$
类似可得,
$$\mathscr{L}[\sin kt]=\frac{k}{s^2+k^2}\quad[\mathrm{Re}(s)>0].$$

例 4 求幂函数 $f(t)=t$ 和 $f(t)=t^2$ 的 Laplace 变换.

解
$$\mathscr{L}[t]=\int_0^{+\infty}t\mathrm{e}^{-st}\mathrm{d}t=-\frac{t}{s}\mathrm{e}^{-st}\Big|_0^{+\infty}+\frac{1}{s}\int_0^{+\infty}\mathrm{e}^{-st}\mathrm{d}t,$$
当 $\mathrm{Re}(s)>0$ 时,显然有 $\lim\limits_{t\to+\infty}\mathrm{e}^{-st}=0$ 和 $\lim\limits_{t\to+\infty}t\mathrm{e}^{-st}=0$,故当 $\mathrm{Re}(s)>0$ 时,
$$\mathscr{L}[t]=\frac{1}{s}\int_0^{+\infty}\mathrm{e}^{-st}\mathrm{d}t=-\frac{1}{s^2}\mathrm{e}^{-st}\Big|_0^{+\infty}=\frac{1}{s^2}.$$

类似地，利用

$$\lim_{t\to+\infty} e^{-st}=0,\quad \lim_{t\to+\infty} te^{-st}=0,\quad \lim_{t\to+\infty} t^2e^{-st}=0,$$

可得

$$\mathscr{L}[t^2]=\frac{2}{s^3}\quad [\mathrm{Re}(s)>0].$$

关于更一般的幂函数 $f(t)=t^m$（其中 m 为正整数）的 Laplace 变换，若用 Laplace 变换的定义求解比较复杂，我们将在 § 2.2 节利用 Laplace 变换的性质给出较为简单的解法.

2.1.4　Laplace 变换存在定理

从以上几例可知，Laplace 变换存在的条件要比 Fourier 变换存在的条件弱得多，如单位阶跃函数、正弦函数、余弦函数等，在古典意义下是不满足 Fourier 变换条件的，但它们的 Laplace 变换却是存在的. 但也并不是所有函数都可作 Laplace 变换，对一个函数作 Laplace 变换也还是需要具备一定的条件的. 那么，函数在满足什么条件时，它的 Laplace 变换一定是存在的呢？下面的存在定理将解决这个问题.

定理 2.1.1（Laplace 变换存在定理）　若函数 $f(t)$ 满足下列条件：

（1）在 $t\geqslant 0$ 的任一有限区间上连续或分段连续；

（2）当 $t\to+\infty$ 时，$f(t)$ 的增长速度不超过某一指数函数，即存在常数 $M>0$ 及 $c\geqslant 0$，使得

$$|f(t)|\leqslant Me^{ct},\quad 0\leqslant t<+\infty$$

成立，则 $f(t)$ 的 Laplace 变换

$$F(s)=\int_0^{+\infty} f(t)e^{-st}\,dt$$

在半平面 $\mathrm{Re}(s)>c$ 上一定存在且解析. 其中，满足条件（2）中函数 $f(t)$ 的增长速度是不超过指数函数级的，此时称 $f(t)$ 为**指数级函数**，c 为其**增长指数**.

证明略.

从存在定理可以看出：

（1）Laplace 变换存在的条件要比 Fourier 变换存在的条件弱得多，物理学和工程技术中很多常见的函数，如 $u(t)$，t^m，$\cos kt$ 等虽然都不满足 Fourier 变换存在定理中的绝对可积的条件，但它们都能满足 Laplace 变换存在定理中的条件，例如：

$$|u(t)|\leqslant 1\cdot e^{0t},\quad 此时\ M=1,c=0,$$

$$|t^m|\leqslant 1\cdot e^{1t},\quad 此时\ M=1,c=1,$$

$$|\cos kt|\leqslant 1\cdot e^{0t},\quad 此时\ M=1,c=0.$$

由此可见，对于很多实际应用问题，如在线性系统分析中，Laplace 变换的应用更为

广泛.

(2)Laplace 变换存在定理的条件是充分的,而不是必要的,即有的函数虽然不满足 Laplace 变换定理存在的条件,但它的 Laplace 变换仍有可能是存在的. 例如,$f(t)=t^{-\frac{1}{2}}$,在 $t=0$ 处不满足 Laplace 变换存在定理的条件(1),但它的 Laplace 变换仍然是存在的.

(3)由于 Laplace 变换不涉及 $f(t)$ 当 $t<0$ 时的情况,因此我们以后约定当 $t<0$ 时,$f(t)=0$. 例如,以后遇到 $\sin t$,应理解为 $\sin t\cdot u(t)$,即

$$\sin t\cdot u(t)=\begin{cases}\sin t & 当\ t\geqslant 0\\ 0 & 当\ t<0\end{cases}.$$

例 5 证明:设 $f(t)$是以 T 为周期的函数,即 $f(t+T)=f(t)(t>0)$,且在一个周期内分段连续,则

$$\mathscr{L}[f(t)]=\frac{1}{1-\mathrm{e}^{-sT}}\int_0^T f(t)\mathrm{e}^{-st}\,\mathrm{d}t.\quad [\mathrm{Re}(s)>0] \tag{2.1.2}$$

证明 $\mathscr{L}[f(t)]=\int_0^{+\infty}f(t)\mathrm{e}^{-st}\,\mathrm{d}t=\sum\limits_{k=0}^{+\infty}\int_{kT}^{(k+1)T}f(t)\mathrm{e}^{-st}\,\mathrm{d}t,$

令 $t=\tau+kT$,则

$$\begin{aligned}\sum_{k=0}^{+\infty}\int_{kT}^{(k+1)T}f(t)\mathrm{e}^{-st}\,\mathrm{d}t&=\sum_{k=0}^{+\infty}\int_0^T f(\tau+kT)\mathrm{e}^{-s(\tau+kT)}\,\mathrm{d}\tau\\&=\sum_{k=0}^{+\infty}\mathrm{e}^{-ksT}\int_0^T f(t)\mathrm{e}^{-st}\,\mathrm{d}t,\end{aligned}$$

由于当 $\mathrm{Re}(s)>0$ 时,$|\mathrm{e}^{-sT}|<1$,故

$$\begin{aligned}\sum_{k=0}^{+\infty}\int_{kT}^{(k+1)T}f(t)\mathrm{e}^{-st}\,\mathrm{d}t&=\sum_{k=0}^{+\infty}\mathrm{e}^{-ksT}\int_0^T f(t)\mathrm{e}^{-st}\,\mathrm{d}t\\&=\frac{1}{1-\mathrm{e}^{-sT}}\int_0^T f(t)\mathrm{e}^{-st}\,\mathrm{d}t.\end{aligned}$$

例 6 设周期性三角波 $f(t)=\begin{cases}t & 当\ 0\leqslant t<b\\ 2b-t & 当\ b\leqslant t<2b\end{cases}$,且 $f(t+2b)=f(t)$,如图 2-1-1 所示,求其 Laplace 变换.

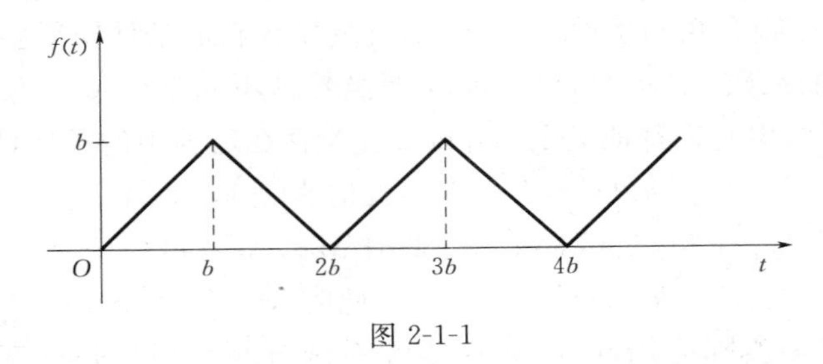

图 2-1-1

解　$f(t)$是周期为 $2b$ 的函数，由式(2.1.2)，

$$\mathscr{L}[f(t)] = \frac{1}{1-\mathrm{e}^{-2sb}}\int_0^{2b} f(t)\mathrm{e}^{-st}\,\mathrm{d}t\ ,$$

而
$$\int_0^{2b} f(t)\mathrm{e}^{-st}\,\mathrm{d}t = \int_0^b t\mathrm{e}^{-st}\,\mathrm{d}t + \int_b^{2b}(2b-t)\mathrm{e}^{-st}\,\mathrm{d}t,$$

其中，
$$\int_b^{2b}(2b-t)\mathrm{e}^{-st}\,\mathrm{d}t \xlongequal{令u=t-b} \int_0^b (b-u)\mathrm{e}^{-s(u+b)}\,\mathrm{d}u \xlongequal{令t=u} \int_0^b (b-t)\mathrm{e}^{-s(t+b)}\,\mathrm{d}t,$$

故
$$\begin{aligned}\int_0^{2b} f(t)\mathrm{e}^{-st}\,\mathrm{d}t &= \int_0^b t\mathrm{e}^{-st}\,\mathrm{d}t + \int_0^b (b-t)\mathrm{e}^{-s(t+b)}\,\mathrm{d}t \\ &= b\mathrm{e}^{-sb}\int_0^b \mathrm{e}^{-st}\,\mathrm{d}t + (1-\mathrm{e}^{-sb})\Big|_0^b t\mathrm{e}^{-st}\,\mathrm{d}t \\ &= b\mathrm{e}^{-sb}\frac{\mathrm{e}^{-st}}{-s}\Big|_0^b + (1-\mathrm{e}^{-sb})\cdot\frac{-st+1}{s^2}\mathrm{e}^{-st}\Big|_0^b \\ &= \frac{1}{s^2}(1-\mathrm{e}^{-sb})^2.\end{aligned}$$

因此，$f(t)$的 Laplace 变换为

$$\begin{aligned}\mathscr{L}[f(t)] &= \frac{1}{1-\mathrm{e}^{-2sb}}\cdot\frac{1}{s^2}(1-\mathrm{e}^{-sb})^2 \\ &= \frac{1}{s^2}\frac{1-\mathrm{e}^{-sb}}{1+\mathrm{e}^{-sb}} = \frac{1}{s^2}\mathrm{th}\,\frac{sb}{2}\quad [\mathrm{Re}(s)>0].\end{aligned}$$

例 7　求全波整流函数 $f(t)=|\sin t|$(见图 2-1-2)的 Laplace 变换.

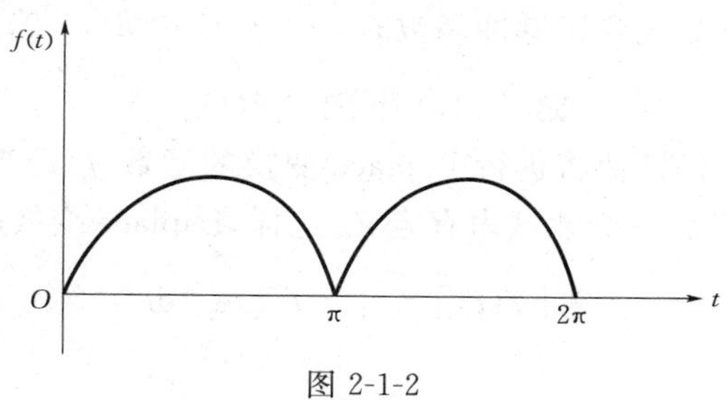

图 2-1-2

解　$f(t)$是周期为 π 的函数，由式(2.1.2)，$f(t)$的 Laplace 变换为

$$\begin{aligned}\mathscr{L}[f(t)] &= \frac{1}{1-\mathrm{e}^{-\pi s}}\int_0^{\pi}\sin t\mathrm{e}^{-st}\,\mathrm{d}t \\ &= \frac{1}{1-\mathrm{e}^{-\pi s}}\left[\frac{\mathrm{e}^{-st}}{s^2+1}(-s\sin t-\cos t)\Big|_0^{\pi}\right] \\ &= \frac{1}{1-\mathrm{e}^{-\pi s}}\cdot\frac{1+\mathrm{e}^{-\pi s}}{s^2+1} \\ &= \frac{1}{s^2+1}\mathrm{cth}\,\frac{\pi s}{2}.\quad [\mathrm{Re}(s)>0]\end{aligned}$$

2.1.5 关于 Laplace 变换公式中的积分下限 0

满足 Laplace 变换存在定理条件的函数 $f(t)$在 $t=0$ 处为有界函数时，积分

$$\mathscr{L}[f(t)] = \int_{0}^{+\infty} f(t)\mathrm{e}^{-st}\,\mathrm{d}t$$

中的下限取 0^+ 或 0^- 不会影响其结果，但当 $f(t)$在 $t=0$ 处包含了脉冲函数时，则 Laplace 变换的积分下限必须明确指出是 0^+ 还是 0^-，这是因为

$$\mathscr{L}_+[f(t)] = \int_{0^+}^{+\infty} f(t)\mathrm{e}^{-st}\,\mathrm{d}t$$

称为 0^+ 系统，在电路上 0^+ 表示换路后的初始时刻；

$$\begin{aligned}\mathscr{L}_-[f(t)] &= \int_{0^-}^{+\infty} f(t)\mathrm{e}^{-st}\,\mathrm{d}t \\ &= \int_{0^-}^{0^+} f(t)\mathrm{e}^{-st}\,\mathrm{d}t + \int_{0^+}^{+\infty} f(t)\mathrm{e}^{-st}\,\mathrm{d}t \\ &= \int_{0^-}^{0^+} f(t)\mathrm{e}^{-st}\,\mathrm{d}t + \mathscr{L}_+[f(t)]\end{aligned}$$

称为 0^- 系统，在电路上 0^- 表示换路前终止时刻.

当 $f(t)$在 $t=0$ 附近有界时，$\int_{0^-}^{0^+} f(t)\mathrm{e}^{-st}\,\mathrm{d}t = 0$，即

$$\mathscr{L}_-[f(t)]=\mathscr{L}_+[f(t)].$$

但当 $f(t)$在 $t=0$ 处包含了脉冲函数时，$\int_{0^-}^{0^+} f(t)\mathrm{e}^{-st}\,\mathrm{d}t \neq 0$，即

$$\mathscr{L}_-[f(t)]\neq\mathscr{L}_+[f(t)].$$

考虑这一情况，我们需要将进行 Laplace 变换的函数 $f(t)$当 $t\geqslant 0$ 时有定义扩大为在 $t>0$ 及 $t=0$ 的任意一个邻域内有定义. 这样，Laplace 变换的定义

$$\mathscr{L}[f(t)] = \int_{0}^{+\infty} f(t)\mathrm{e}^{-st}\,\mathrm{d}t$$

应为

$$\mathscr{L}_-[f(t)] = \int_{0^-}^{+\infty} f(t)\mathrm{e}^{-st}\,\mathrm{d}t.$$

但为了书写方便起见，我们仍将其写为式(2.1.1)的形式.

例 8 求单位脉冲函数 $\delta(t)$的 Laplace 变换.

解 由上面的讨论及函数 $\delta(t)$的筛选性质，

$$\begin{aligned}\mathscr{L}[\delta(t)] &= \mathscr{L}_-[\delta(t)] \\ &= \int_{0^-}^{+\infty} \delta(t)\mathrm{e}^{-st}\,\mathrm{d}t\end{aligned}$$

$$= \int_{-\infty}^{+\infty} \delta(t) e^{-st} dt$$

$$= e^{-st} \Big|_{t=0} = 1.$$

例 9　计算下列函数的 Laplace 变换.

(1) $f(t)=\delta(t-a) \quad (a>0)$；　　(2) $f(t)=e^{-\beta t}[\delta(t)-\beta]$.

解　(1) $\mathscr{L}[f(t)] = \mathscr{L}_{-}[f(t)] = \int_{0^-}^{+\infty} \delta(t-a) e^{-st} dt = e^{-as}$.

(2)
$$\mathscr{L}[f(t)] = \mathscr{L}_{-}[f(t)]$$
$$= \int_{0^-}^{+\infty} [e^{-\beta t}\delta(t) - \beta e^{-\beta t}] e^{-st} dt$$
$$= \int_{0^-}^{+\infty} \delta(t) e^{-(\beta+s)t} dt - \int_{0^-}^{+\infty} \beta e^{-(\beta+s)t} dt$$
$$= e^{-(\beta+s)t} \Big|_{t=0} + \frac{\beta e^{-(\beta+s)t}}{\beta+s} \Big|_{0^-}^{+\infty}$$
$$= 1 - \frac{\beta}{\beta+s}$$
$$= \frac{s}{\beta+s} \quad [\mathrm{Re}(s) > -\beta].$$

习　题　2.1

1. 求下列函数的 Laplace 变换，并指出其收敛域，最后用查表的方法验证结果.

(1) $f(t)=e^{-3t}$；　　(2) $f(t)=\sin t \cos t$；

(3) $f(t)=\cos \frac{t}{2}$；　　(4) $f(t)=\mathrm{sh} kt \quad$ (k 为实数)；

(5) $f(t)=\begin{cases} 1 & \text{当 } 0 \leqslant t < 1 \\ -1 & \text{当 } 1 \leqslant t < 3 \\ 0 & \text{当 } t \geqslant 3 \end{cases}$；

(6) $f(t)=\begin{cases} \sin t & \text{当 } 0 < t < \pi \\ 0 & \text{当 } t \leqslant 0 \text{ 或 } t \geqslant \pi \end{cases}$；

(7) $f(t)=e^{-t}-\delta(t)$；

(8) $f(t)=\cos t \cdot \delta(t) - \sin t \cdot u(t)$.

2. 求下列周期函数的 Laplace 变换.

(1) 设 $f(t)$ 是以 2π 为周期的函数，且在一个周期内的表达式为

$$f(t)=\begin{cases} \sin t & \text{当 } 0 < t \leqslant \pi \\ 0 & \text{当 } \pi < t < 2\pi \end{cases};$$

(2)设 $f(t)$ 是以 2π 为周期的函数,且在一个周期内的表达式为

$$f(t)=\begin{cases}2 & \text{当 } 0<t\leqslant\pi \\ 0 & \text{当 } \pi<t<2\pi\end{cases}.$$

3. 求图 2-1-3 和图 2-1-4 所示周期函数的 Laplace 变换.

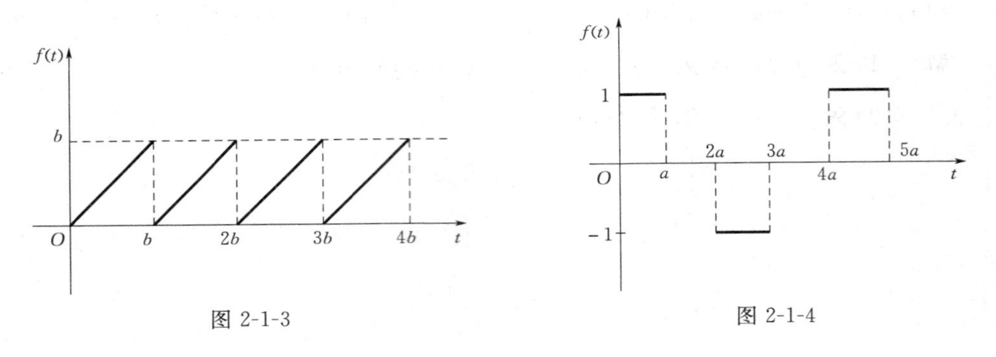

图 2-1-3　　　　图 2-1-4

§ 2.2　Laplace 变换的性质

由 Laplace 变换的定义可以求出一些常见简单函数的 Laplace 变换,而对于实际应用中较复杂的函数,利用定义求 Laplace 变换就显得不方便,甚至难以求出,这时可利用本节的 Laplace 变换的性质及 Laplace 变换变换表,简单地计算出它们的 Laplace 变换.

为叙述方便,假定在这些性质中,凡要求 Laplace 变换的函数都满足 Laplace 变换存在定理中的条件,且把这些函数的增长指数都统一取为 c.

2.2.1　线性性质

设 α,β 是常数,$\mathscr{L}[f_1(t)]=F_1(s)$,$\mathscr{L}[f_2(t)]=F_2(s)$,则有

$$\mathscr{L}[\alpha f_1(t)+\beta f_2(t)]=\alpha\mathscr{L}[f_1(t)]+\beta\mathscr{L}[f_2(t)]=\alpha F_1(s)+\beta F_2(s),$$

$$\mathscr{L}^{-1}[\alpha F_1(s)+\beta F_2(s)]=\alpha\mathscr{L}^{-1}F_1(s)+\beta\mathscr{L}^{-1}F_2(s)=\alpha f_1(t)+\beta f_2(t).$$

证明　$$\begin{aligned}\mathscr{L}[\alpha f_1(t)+\beta f_2(t)]&=\int_0^{+\infty}[\alpha f_1(t)+\beta f_2(t)]e^{-st}dt\\&=\alpha\int_0^{+\infty}f_1(t)e^{-st}dt+\beta\int_0^{+\infty}f_2(t)e^{-st}dt\\&=\alpha F_1(s)+\beta F_2(s).\end{aligned}$$

此性质表明,函数线性组合的 Laplace 变换等于各函数 Laplace 变换的线性组合.另外,此性质可以推广到有限个函数的线性组合的情形.

例 1 求双曲正弦函数$\mathscr{L}[\mathrm{sh}\ kt]$和双曲余弦函数$\mathscr{L}[\mathrm{ch}\ kt]$的 Laplace 变换，其中，$k$ 为常数且 $k\neq0$.

解 $\mathscr{L}(\mathrm{sh}\ kt)=\mathscr{L}\left[\dfrac{\mathrm{e}^{kt}-\mathrm{e}^{-kt}}{2}\right]=\dfrac{1}{2}\left(\dfrac{1}{s-k}-\dfrac{1}{s+k}\right)=\dfrac{k}{s^2-k^2}\quad[\mathrm{Re}(s)>|k|]$.

同理可得

$$\mathscr{L}(\mathrm{ch}\ kt)=\mathscr{L}\left[\frac{\mathrm{e}^{kt}+\mathrm{e}^{-kt}}{2}\right]=\frac{1}{2}\left(\frac{1}{s-k}+\frac{1}{s+k}\right)=\frac{s}{s^2-k^2}\quad[\mathrm{Re}(s)>|k|].$$

2.2.2 相似性质

设 $F(s)=\mathscr{L}[f(t)]$，$a>0$，则

$$\mathscr{L}[f(at)]=\frac{1}{a}F\left(\frac{s}{a}\right),$$

$$\mathscr{L}^{-1}[F(as)]=\frac{1}{a}f\left(\frac{t}{a}\right).$$

证明 令 $u=at$，则

$$\mathscr{L}[f(at)]=\int_0^{+\infty}f(at)\mathrm{e}^{-st}\,\mathrm{d}t=\frac{1}{a}\int_0^{+\infty}f(u)\mathrm{e}^{-\frac{s}{a}u}\,\mathrm{d}u=\frac{1}{a}F\left(\frac{s}{a}\right).$$

令 $u=\dfrac{t}{a}$，则

$$\mathscr{L}\left[f\left(\frac{t}{a}\right)\right]=\int_0^{+\infty}f\left(\frac{t}{a}\right)\mathrm{e}^{-st}\,\mathrm{d}t=\int_0^{+\infty}af(u)\mathrm{e}^{-asu}\,\mathrm{d}u=aF(as).$$

故

$$\mathscr{L}^{-1}[F(as)]=\frac{1}{a}f\left[F\left(\frac{t}{a}\right)\right].$$

例 2 利用$\mathscr{L}[\sin t]=\dfrac{1}{s^2+1}$，求$\mathscr{L}[\sin kt]$，$k>0$.

解 $\mathscr{L}[\sin kt]=\dfrac{1}{k}\cdot\dfrac{1}{\left(\dfrac{s}{k}\right)^2+1}=\dfrac{k}{s^2+k^2}$.

例 3 利用$\mathscr{L}[\mathrm{e}^t]=\dfrac{1}{s-1}$，求$\mathscr{L}[\mathrm{e}^{\omega t}]$，$w>0$.

解 $\mathscr{L}[\mathrm{e}^{\omega t}]=\dfrac{1}{\omega}\cdot\dfrac{1}{\dfrac{s}{\omega}-1}=\dfrac{1}{s-\omega}$.

2.2.3 微分性质

设 $f(t)$在$[0,+\infty)$上可微，$\mathscr{L}[f(t)]=F(s)$，则

$$\mathscr{L}[f'(t)]=sF(s)-f(0),$$
$$F'(s)=-\mathscr{L}[tf(t)].$$

分别称它们为**象原函数** $f(t)$**和象函数** $F(s)$**的微分性质**.

证明 由 Laplace 变换的定义,有

$$\begin{aligned}\mathscr{L}[f'(t)] &= \int_0^{+\infty} f'(t)\mathrm{e}^{-st}\,\mathrm{d}t \\ &= f(t)\mathrm{e}^{-st}\Big|_0^{+\infty} + s\int_0^{+\infty} f(t)\mathrm{e}^{-st}\,\mathrm{d}t \\ &= sF(s)-f(0) \quad (\mathrm{Re}(s)>c).\end{aligned}$$

$$\begin{aligned}F'(s) &= \frac{\mathrm{d}}{\mathrm{d}s}\int_0^{+\infty} f(t)\mathrm{e}^{-st}\,\mathrm{d}t \\ &= \int_0^{+\infty}\frac{\mathrm{d}}{\mathrm{d}s}[f(t)\mathrm{e}^{-st}]\,\mathrm{d}t \\ &= -\int_0^{+\infty} tf(t)\mathrm{e}^{-st}\,\mathrm{d}t \\ &= -\mathscr{L}[tf(t)].\end{aligned}$$

此性质表明,一个函数求导后的 Laplace 变换,等于这个函数的 Laplace 变换乘参变数 s 再减去函数的初值.

推广 若$\mathscr{L}[f(t)]=F(s)$,则有

$$\mathscr{L}[f''(t)]=s^2F(s)-sf(0)-f'(0).$$

一般地,

$$\mathscr{L}[f^{(n)}(t)]=s^nF(s)-s^{n-1}f(0)-s^{n-2}f'(0)-\cdots-f^{(n-1)}(0).$$

特别地,当 $f(0)=f'(0)=\cdots=f^{(n-1)}(0)=0$ 时,有

$$\mathscr{L}[f'(t)]=sF(s),$$
$$\mathscr{L}[f''(t)]=s^2F(s),$$
$$\cdots$$
$$\mathscr{L}[f^{(n)}(t)]=s^nF(s).$$

一般地,

$$F^{(n)}(s)=(-1)^n\mathscr{L}[t^nf(t)].$$

通过微分性质,使我们有可能将 $f(t)$的微分方程转化为 $F(s)$的代数方程,因此,它对分析线性系统有着非常重要的作用.特别是在电学系统、自动控制系统、力学系统等科学系统中,通常是通过对问题的讨论建立数学模型,这个数学模型在很多情况下是线性的微分或积分方程,用 Laplace 变换方法,通过积分变换,可以把已知的时域函数转化为频域函数,从而把时域的微分方程化为频域的代数方程,是一种十分简单有效的方法.

例 4 电路如图 2-2-1 所示,已知 $R=2\ \Omega$,$C=1\ \mathrm{F}$,$u_{\mathrm{o}}(0)=0.1\ \mathrm{V}$,$u_{\mathrm{o}}(\mathrm{t})=2u(t)$,

求 $u_o(t)$ 的 Laplace 变换 $U_o(s)$.

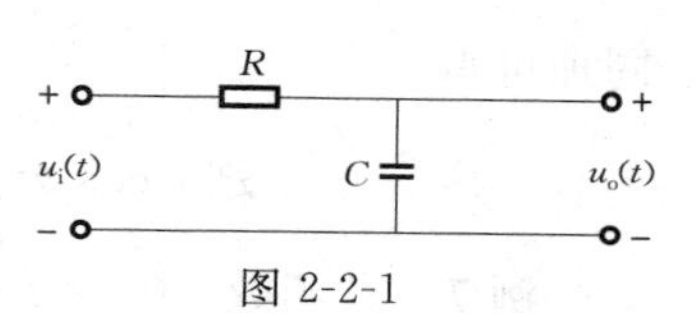

图 2-2-1

解 电路的微分方程为

$$RC\frac{\mathrm{d}u_o(t)}{\mathrm{d}t}+u_o(t)=u_i(t),$$

对微分方程两端同时进行 Laplace 变换，得

$$RCsU_o(s)-RCu_o(0)+U_o(s)=U_i(s),$$

代入已知参数得，

$$2sU_o(s)-0.2+U_o(s)=U_i(s),$$

而 $U_i(s)=\frac{2}{s}$，所以，输出响应函数的 Laplace 变换为

$$U_o(s)=\frac{2}{s(2s+1)}+\frac{0.2}{2s+1}.$$

例 5 求函数 $f(t)=t^m$ 的 Laplace 变换，其中 m 是正整数.

解法一 由于 $f(0)=f'(0)=\cdots=f^{(m-1)}(0)=0, f^{(m)}(t)=m!$，故

$$\begin{aligned}\mathscr{L}[m!]&=\mathscr{L}[f^{(m)}(t)]\\&=s^m\mathscr{L}[f(t)]-s^{m-1}f(0)-s^{m-2}f'(0)-\cdots-f^{(m-1)}(0)\\&=s^m\mathscr{L}[f(t)]\\&=s^m\mathscr{L}[t^m],\end{aligned}$$

故

$$\mathscr{L}[m!]=m!\ \mathscr{L}[1]=\frac{m!}{s}=s^m\mathscr{L}[t^m],$$

所以

$$\mathscr{L}[t^m]=\frac{m!}{s^{m+1}},\quad \mathrm{Re}(s)>0.$$

解法二

$$\begin{aligned}\mathscr{L}[t^m]&=\mathscr{L}[t^{m-1}\cdot t]\\&=(-1)^{m-1}\frac{\mathrm{d}^{m-1}}{\mathrm{d}s^{m-1}}\mathscr{L}[t]\\&=(-1)^{m-1}\frac{\mathrm{d}^{m-1}}{\mathrm{d}s^{m-1}}\left(\frac{1}{s^2}\right)\\&=\frac{m!}{s^{m+1}}.\end{aligned}$$

例 6 求函数 $f(t)=t\sin kt$ 的 Laplace 变换.

解 因为 $\mathscr{L}[\sin kt]=\frac{k}{s^2+k^2}\quad[\mathrm{Re}(s)>0]$，由上述微分性质，

$$\mathscr{L}[t\sin kt]=-\left(\frac{k}{s^2+k^2}\right)'=\frac{2ks}{(s^2+k^2)^2},\quad \mathrm{Re}(s)>0.$$

同理可得

$$\mathscr{L}[t\cos kt]=-\left(\frac{s}{s^2+k^2}\right)'=\frac{s^2-k^2}{(s^2+k^2)^2},\quad \mathrm{Re}(s)>0.$$

例 7 求函数 $f(t)=t\operatorname{sh}kt$ 的 Laplace 变换.

解 因为$\mathscr{L}[\operatorname{sh}kt]=\dfrac{k}{s^2-k^2}$, $\mathrm{Re}(s)>|k|$,由上述微分性质,

$$\mathscr{L}[t\operatorname{sh}kt]=-\left(\frac{k}{s^2-k^2}\right)'=\frac{2ks}{(s^2-k^2)^2},\quad \mathrm{Re}(s)>|k|.$$

同理可得

$$\mathscr{L}[t\operatorname{ch}kt]=-\left(\frac{s}{s^2-k^2}\right)'=\frac{s^2+k^2}{(s^2-k^2)^2},\quad \mathrm{Re}(s)>|k|.$$

2.2.4 积分性质

设$\mathscr{L}[f(t)]=F(s)$,则

$$\mathscr{L}\left[\int_0^t f(t)\mathrm{d}t\right]=\frac{F(s)}{s}.$$

若 $\int_s^{\infty}F(s)\mathrm{d}s$ 收敛,则

$$\mathscr{L}\left[\frac{f(t)}{t}\right]=\int_s^{\infty}F(s)\mathrm{d}s.$$

分别称它们为**象原函数** $f(t)$**和象函数** $F(s)$**的积分性质**.

证明 设 $h(t)=\int_0^t f(t)\mathrm{d}t$, 则有 $h'(t)=f(t)$, 且 $h(0)=0$.

由象原函数的微分性质,有

$$\mathscr{L}[h'(t)]=s\mathscr{L}[h(t)]-h(0)=s\mathscr{L}[h(t)],$$

故

$$\mathscr{L}[h(t)]=\mathscr{L}\left[\int_0^t f(t)\mathrm{d}t\right]=\frac{F(s)}{s}.$$

设 $H(s)=\int_s^{\infty}F(s)\mathrm{d}s$, 则有

$$H'(s)=-F(s),$$

由象函数的微分性质得

$$f(t)=\mathscr{L}^{-1}[F(s)]=-\mathscr{L}^{-1}[H'(s)]=t\cdot h(t)=t\mathscr{L}^{-1}[H(s)],$$

故

$$\int_s^{\infty}F(s)\mathrm{d}s=H(s)=\mathscr{L}\left[\frac{f(t)}{t}\right].$$

象原函数的积分性质表明，一个函数积分后的 Laplace 变换等于这个函数的 Laplace 变换除以复参数 s.

推广

$$\mathscr{L}\Big[\underbrace{\int_0^t \mathrm{d}t\int_0^t \mathrm{d}t\cdots\int_0^t f(t)\mathrm{d}t}_{n}\Big]=\frac{F(s)}{s^n},$$

$$\mathscr{L}\Big[\frac{f(t)}{t^n}\Big]=\underbrace{\int_s^{\infty}\mathrm{d}s\int_s^{\infty}\mathrm{d}s\cdots\int_s^{\infty}F(s)\mathrm{d}s}_{n}.$$

例 8　求函数 $f(t)=\frac{\sin t}{t}$的 Laplace 变换.

解　因为$\mathscr{L}[\sin t]=\frac{1}{s^2+1}$　$[\mathrm{Re}(s)>0]$，由象函数的积分性质，

$$\mathscr{L}\Big[\frac{\sin t}{t}\Big]=\int_s^{\infty}\frac{1}{s^2+1}\mathrm{d}s=\arctan s\Big|_s^{\infty}=\frac{\pi}{2}-\arctan s=\operatorname{arccot} s\quad[\mathrm{Re}(s)>0].$$

例 9　求函数 $f(t)=\frac{\operatorname{sh} t}{t}$的 Laplace 变换.

解　因为$\mathscr{L}[\operatorname{sh} t]=\frac{1}{s^2-1}$　$[\mathrm{Re}(s)>1]$，由象函数的积分性质，

$$\mathscr{L}\Big[\frac{\operatorname{sh} t}{t}\Big]=\int_s^{\infty}\frac{1}{s^2-1}\mathrm{d}s=\frac{1}{2}\ln\frac{s-1}{s+1}\Big|_s^{\infty}=\frac{1}{2}\ln\frac{s+1}{s-1}\quad[\mathrm{Re}(s)>1].$$

注意：若积分 $\int_0^{+\infty}\frac{f(t)}{t}\mathrm{d}t$ 存在，可视为当 $s=0$ 时的$\mathscr{L}\Big[\frac{f(t)}{t}\Big]$，由象函数的积分性质，则有

$$\int_0^{+\infty}\frac{f(t)}{t}\mathrm{d}t=\int_0^{\infty}F(s)\mathrm{d}s.$$

此公式常常用来计算某些积分.

例 10　求下列广义积分.

(1) $\int_0^{+\infty}\frac{\sin t}{t}\mathrm{d}t$；　　(2) $\int_0^{+\infty}\frac{\mathrm{e}^{-t}-\mathrm{e}^{-2t}}{t}\mathrm{d}t$.

解　(1)

$$\begin{aligned}\int_0^{+\infty}\frac{\sin t}{t}\mathrm{d}t&=\mathscr{L}\Big[\frac{\sin t}{t}\Big]\Big|_{s=0}\\&=\int_0^{\infty}\mathscr{L}[\sin t]\mathrm{d}s\\&=\int_0^{\infty}\frac{1}{s^2+1}\mathrm{d}s\\&=\arctan s\Big|_s^{\infty}\\&=\frac{\pi}{2}.\end{aligned}$$

$$(2)\int_0^{+\infty}\frac{e^{-t}-e^{-2t}}{t}dt=\mathscr{L}\left[\frac{e^{-t}-e^{-2t}}{t}\right]\bigg|_{s=0}$$
$$=\int_0^{\infty}\mathscr{L}[e^{-t}-e^{-2t}]ds$$
$$=\int_0^{\infty}\left(\frac{1}{s+1}-\frac{1}{s+2}\right)ds$$
$$=\ln\frac{s+1}{s+2}\bigg|_0^{\infty}$$
$$=\ln 2.$$

2.2.5 位移性质(平移性质)

设$\mathscr{L}[f(t)]=F(s)$,则

$$\mathscr{L}[e^{at}f(t)]=F(s-a)\quad(\mathrm{Re}(s-a)>c).$$

证明 $\mathscr{L}[e^{at}f(t)]=\int_0^{+\infty}e^{at}f(t)e^{-st}dt=\int_0^{+\infty}f(t)e^{-(s-a)t}dt$,上式右端只需把$F(s)$中的$s$换成$s-a$即可,故

$$\mathscr{L}[e^{at}f(t)]=F(s-a)\quad(\mathrm{Re}(s-a)>c).$$

此性质表明,象原函数乘函数e^{at}的Laplace变换等于其象函数作位移a.

例11 求函数$e^{-at}t^m$(其中m为正整数)的Laplace变换.

解 $\mathscr{L}[t^m]=\frac{m!}{s^{m+1}}$,由上述位移性质,得

$$\mathscr{L}[e^{-at}t^m]=\frac{m!}{(s+a)^{m+1}}.$$

例12 求函数$e^{at}\cos kt$的Laplace变换.

解 $\mathscr{L}[\cos kt]=\frac{s}{s^2+k^2}$,由位移性质,得

$$\mathscr{L}[e^{at}\cos kt]=\frac{s-a}{(s-a)^2+k^2}.$$

同理可得,

$$\mathscr{L}[e^{at}\sin kt]=\frac{k}{(s-a)^2+k^2}.$$

利用位移性质,例3也可如此求解:

$$\mathscr{L}[1]=\frac{1}{s},\quad \mathscr{L}[e^{\omega t}]=\mathscr{L}[1\cdot e^{\omega t}]=\frac{1}{s-\omega}.$$

2.2.6 延迟性质

设$\mathscr{L}[f(t)]=F(s)$,则对于任一非负实数τ,有

$$\mathscr{L}[f(t-\tau)u(t-\tau)]=\mathrm{e}^{-s\tau}F(s),$$

或

$$\mathscr{L}^{-1}[\mathrm{e}^{-s\tau}F(s)]=f(t-\tau)u(t-\tau).$$

证明

$$\begin{aligned}\mathscr{L}[f(t-\tau)u(t-\tau)] &= \int_0^{+\infty} f(t-\tau)u(t-\tau)\mathrm{e}^{-st}\,\mathrm{d}t \\ &= \int_0^{\tau} f(t-\tau)u(t-\tau)\mathrm{e}^{-st}\,\mathrm{d}t + \int_{\tau}^{+\infty} f(t-\tau)u(t-\tau)\mathrm{e}^{-st}\,\mathrm{d}t,\end{aligned}$$

当 $t<\tau$ 时，$u(t-\tau)=0$. 所以上式右端第一个积分等于零；对于第二个积分，令 $t-\tau=u$，则

$$\begin{aligned}\mathscr{L}[f(t-\tau)u(t-\tau)] &= \int_0^{+\infty} f(u)\mathrm{e}^{-s(u+\tau)}\,\mathrm{d}u \\ &= \mathrm{e}^{-s\tau}\int_{\tau}^{+\infty} f(u)\mathrm{e}^{-su}\,\mathrm{d}u \\ &= \mathrm{e}^{-s\tau}F(s).\end{aligned}$$

此性质表明，时间函数延迟 τ 的 Laplace 变换等于它的象函数乘指数因子 $\mathrm{e}^{-s\tau}$，这个性质在工程上也称为**时移性**.

在应用延迟性质时，要特别注意象原函数的写法，此时，$f(t-\tau)$后不能省略因子 $u(t-\tau)$. 事实上，$f(t-\tau)u(t-\tau)$与 $f(t)$相比，$f(t)$从 $t=0$ 开始有非零数值，而 $f(t-\tau)u(t-\tau)$是从 $t=\tau$ 开始才有非零数值，即延迟了一个时间段 τ. 从图像来看，$f(t-\tau)u(t-\tau)$的图像是由 $f(t)$的图像沿 t 轴向右平移距离 τ 而得，如图 2-2-2 所示.

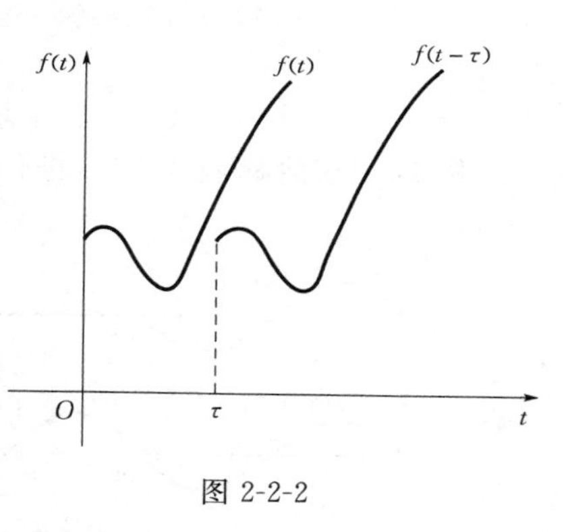

图 2-2-2

例 13　求函数 $u(t-\tau)=\begin{cases}0 & 当\ t<\tau \\ 1 & 当\ t>\tau\end{cases}$的 Laplace 变换.

解　已知$\mathscr{L}[u(t)]=\dfrac{1}{s}$，由上述延迟性质，得

$$\mathscr{L}[u(t-\tau)]=\frac{1}{s}\mathrm{e}^{-s\tau}.$$

例 14　求函数 $f_1(t)=\cos(t-\tau)u(t-\tau)$和 $f_2(t)=\cos(t-\tau)$的 Laplace 变换.

解　已知$\mathscr{L}[\cos t]=\dfrac{s}{s^2+1}$，由上述延迟性质，得

$$\begin{aligned}\mathscr{L}[f_1(t)] &= \mathscr{L}[\cos(t-\tau)u(t-\tau)] \\ &= \mathrm{e}^{-s\tau}\mathscr{L}[\cos t]\end{aligned}$$

$$=\frac{s}{s^2+1}e^{-s\tau};$$

$$\begin{aligned}\mathscr{L}[f_2(t)]&=\mathscr{L}[\cos(t-\tau)]\\&=\mathscr{L}[\cos t\cos\tau+\sin t\sin\tau]\\&=\cos\tau\,\mathscr{L}[\cos t]+\sin\tau\,\mathscr{L}[\sin t]\\&=\cos\tau\frac{s}{s^2+1}+\sin\tau\frac{1}{s^2+1}\\&=\frac{1}{s^2+1}(s\cos\tau+\sin\tau).\end{aligned}$$

这两个函数的 Laplace 变换结果不同，这是因为当 $t<\tau$ 时，$f_2(t)$ 不一定等于零.

例 15 求函数 $f(t)=\begin{cases}\sin t & 当\ 0\leqslant t\leqslant 2\pi\\ 0 & 当\ t<0\ 或\ t>2\pi\end{cases}$ 的 Laplace 变换.

解 事实上，$f(t)=\sin t\cdot u(t)-\sin(t-2\pi)\cdot u(t-2\pi)$，如图 2-2-3 所示，

$$\begin{aligned}\mathscr{L}[f(t)]&=\mathscr{L}[\sin t\cdot u(t)-\sin(t-2\pi)\cdot u(t-2\pi)]\\&=\frac{1}{s^2+1}-\frac{e^{-2\pi s}}{s^2+1}=\frac{1-e^{-2\pi s}}{s^2+1}.\end{aligned}$$

例 16 求阶梯函数 $f(t)$ 的 Laplace 变换，如图 2-2-4 所示.

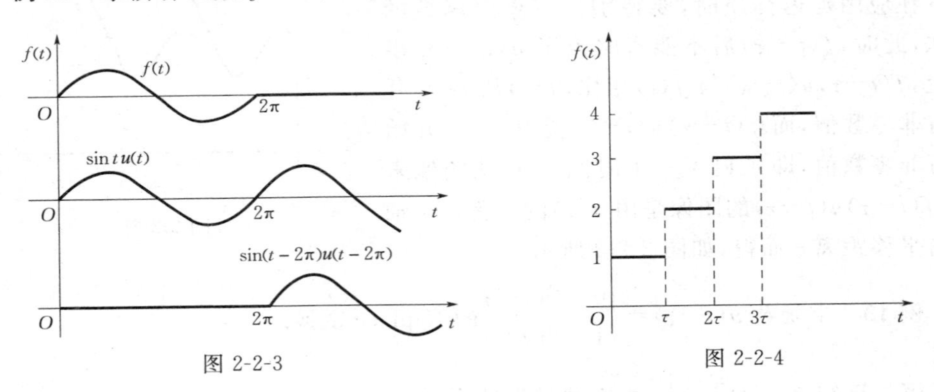

图 2-2-3　　　　图 2-2-4

解 利用单位阶跃函数，这个阶梯函数可以表示为

$$f(t)=u(t)+u(t-\tau)+u(t-2\tau)+\cdots=\sum_{k=0}^{\infty}u(t-k\tau).$$

利用线性性质和延迟性质，得

$$\mathscr{L}[f(t)]=\frac{1}{s}+\frac{1}{s}e^{-s\tau}+\frac{1}{s}e^{-2s\tau}+\cdots=\frac{1}{s}(1+e^{-s\tau}+e^{-2s\tau}+\cdots).$$

当 $\mathrm{Re}(s)>0$ 时，有 $|e^{-s\tau}|<1$，此时，上式右端圆括号内的级数是一个公比的模小于 1 的等比级数，因而

$$\mathscr{L}[f(t)]=\frac{1}{s}\frac{1}{1-e^{-s\tau}} \quad (\mathrm{Re}(s)>0).$$

例 17 利用单位阶跃函数将下面的分段函数写成一个式子，并求其 Laplace 变换，

$$f(t)=\begin{cases}2 & 当\ 0\leqslant t<2\\ 4 & 当\ 2\leqslant t<4\\ 6 & 当\ 4\leqslant t<6\\ 4 & 当\ t\geqslant 6\end{cases}.$$

解 据题意，当 $t\geqslant 2$ 时，$f(t)$的函数值在 2 的基础上增加了 2，即增加了 $2u(t-2)$；当 $t\geqslant 4$ 时，$f(t)$的函数值在 4 的基础上增加了 2，即增加了 $2u(t-4)$；当 $t\geqslant 6$ 时，$f(t)$的函数值在 4 的基础上增加了 -2，即增加了 $-2u(t-6)$，故分段函数可表示为

$$f(t)=2u(t)+2u(t-2)+2u(t-4)-2u(t-6)$$

$$\begin{aligned}\mathscr{L}[f(t)]&=\mathscr{L}[2u(t)+2u(t-2)+2u(t-4)-2u(t-6)]\\&=\frac{2}{s}+\frac{2}{s}e^{-2s}+\frac{2}{s}e^{-4s}-\frac{2}{s}e^{-6s}\\&=\frac{2}{s}(1+e^{-2s}+e^{-4s}-e^{-6s}).\end{aligned}$$

本例说明利用单位阶跃函数可以将某些分段函数合写成一个式子，使所求问题简化，从而能方便地利用 Laplace 变换解决问题，这也是单位阶跃函数的一个重要作用.

*2.2.7 初值定理和终值定理

设 $f(t)$是 Laplace 变换中的象原函数，称 $f(0^+)=\lim\limits_{t\to 0^+}f(t)$ 为 $f(t)$的**初值**. 称 $f(+\infty)=\lim\limits_{t\to+\infty}f(t)$（如果它存在）为 $f(t)$的**终值**（即稳定值）.

1. 初值定理

若$\mathscr{L}[f(t)]=F(s)$，且$\lim\limits_{s\to\infty}sF(s)$存在，则有

$$\lim_{t\to 0^+}f(t)=\lim_{s\to\infty}sF(s) \quad [或\ f(0^+)=\lim_{s\to\infty}sF(s)].$$

此性质表明，函数 $f(t)$在 $t=0$ 时的函数值，可以通过 $f(t)$的 Laplace 变换 $F(s)$乘以 s 取 $s\to\infty$时的极限值得到.

2. 终值定理

若$\mathscr{L}[f(t)]=F(s)$，且 $sF(s)$的所有奇点都在 s 平面的左半部，则有

$$\lim_{t\to+\infty}f(t)=\lim_{s\to 0}sF(s) \quad [或\ f(+\infty)=\lim_{s\to 0}sF(s)].$$

此性质表明，函数 $f(t)$在 $t\to+\infty$时的数值，可以通过 $f(t)$的 Laplace 变换 $F(s)$乘以 s 取 $s\to 0$ 时的极限值得到.

初值定理和终值定理其实就是求时域的初值和终值,其计算方法为将时域初值转换到频域中去求.其物理意义为:时域初值相当于信号刚接入,其变化比较剧烈,即信号的频率比较高,所以转化到频率域,变成频率趋于无穷大.而时域终值可以看成信号接入时间无穷大,此时系统趋于稳定,信号只剩下直流分量,可看成频率趋于零.

在工程技术中,往往先得到象函数 $F(s)$ 再去求 $f(t)$,计算象原函数 $f(t)$ 很麻烦,而有时并不需要知道 $f(t)$ 到底具有什么样的表达式,只需要知道它的初值和终值即可.从初值定理和终值定理知道,只要根据已知的象函数 $F(s)$ 就可以求出象原函数的初值和终值,而不必去求 $f(t)$ 本身.这样,这两个性质就给我们带来了方便.

例 18 若 $\mathscr{L}[f(t)]=\dfrac{(s+3)}{(s+1)(s+2)}$,求 $f(0)$,$f(+\infty)$.

解 由初值定理和终值定理

$$f(0)=\lim_{s\to\infty} sF(s)=\lim_{s\to\infty} s\,\frac{(s+3)}{(s+1)(s+2)}=1,$$

$$f(+\infty)=\lim_{s\to 0} sF(s)=\lim_{s\to 0} s\,\frac{(s+3)}{(s+1)(s+2)}=0.$$

例 19 若 $\mathscr{L}[f(t)]=\dfrac{(s+1)}{(s+1)^2+4}$,求 $f(0)$,$f(+\infty)$.

解 由初值定理和终值定理,得

$$f(0)=\lim_{s\to\infty} sF(s)=\lim_{s\to\infty} s\,\frac{(s+1)}{(s+1)^2+4}=1,$$

$$f(+\infty)=\lim_{s\to 0} sF(s)=\lim_{s\to 0} s\,\frac{(s+1)}{(s+1)^2+4}=0.$$

我们易知道,$f(t)=\mathrm{e}^{-t}\cos 2t$,显然,上面所得结果与直接由 $f(t)$ 所计算的结果是一致的.

例 20 若 $\mathscr{L}[f(t)]=\dfrac{1}{s^2+1}$,试问能否应用初值定理和终值定理求出 $f(0)$,$f(+\infty)$.

解 由初值定理和终值定理,得

$$f(0)=\lim_{s\to\infty} sF(s)=\lim_{s\to\infty}\frac{s}{s^2+1}=0,$$

虽然能求出

$$f(+\infty)=\lim_{s\to 0} sF(s)=\lim_{s\to 0}\frac{s}{s^2+1}=0,$$

但是这样做是不正确的,这是因为 $\dfrac{s}{s^2+1}$ 在虚轴上有奇点 $\pm\mathrm{j}$,不满足终值定理的条件,所以不能利用终值定理判断 $f(+\infty)$ 的存在性.

事实上，

$$f(t)=\mathscr{L}^{-1}\left(\frac{1}{s^2+1}\right)=\sin t,$$

而

$$\lim_{t\to+\infty} f(t)=\lim_{t\to+\infty}\sin t$$

是不存在的.

习　题　2.2

1. 求下列函数的 Laplace 变换.

(1) $f(t)=\mathrm{e}^{-t}+\cos t+t^2$；

(2) $f(t)=t^3-2t^2+3t-2$；

(3) $f(t)=-2-t\mathrm{e}^{-t}$；

(4) $f(t)=\frac{1}{2}\sin 2t+\cos 3t$；

(5) $f(t)=t\sin at$；

(6) $f(t)=(t-1)^2\mathrm{e}^t$；

(7) $f(t)=\mathrm{e}^{-2t}\sin 3t$；

(8) $f(t)=u(2t-3)$；

(9) $f(t)=u(1-\mathrm{e}^{-t})$；

(10) $f(t)=t^n\mathrm{e}^{at}$；

(11) $f(t)=\mathrm{e}^{-(t+2)}$；

(12) $f(t)=\sin^2 t$.

2. 利用 Laplace 变换的性质计算下列函数的 Laplace 变换.

(1) 已知$\mathscr{L}\left[\frac{\sin t}{t}\right]=\arctan\frac{1}{s}$，求$\mathscr{L}\left[\frac{\sin at}{t}\right]$；

(2) 求$\mathscr{L}\left[\mathrm{e}^{-at}f\left(\frac{t}{a}\right)\right]$；

(3) $f(t)=t\mathrm{e}^{-2t}\sin 3t$；

(4) $f(t)=\frac{1-\cos t}{t^2}$；

(5) $f(t)=\frac{\sin kt}{t}$；

(6) $f(t)=\frac{\mathrm{e}^{-2t}\sin 3t}{t}$.

3. 计算下列各式.

(1) $\int_0^{+\infty}\frac{1-\cos t}{t}\mathrm{e}^{-t}\mathrm{d}t$；

(2) $\int_0^{+\infty}\mathrm{e}^{-3t}\cos 2t\mathrm{d}t$；

(3) $\int_0^{+\infty}\frac{\mathrm{e}^{-3t}\sin 2t}{t}\mathrm{d}t$；

(4) $\int_0^{+\infty}t\mathrm{e}^{-3t}\cos 2t\mathrm{d}t$；

(5) $\int_0^{+\infty}\frac{\mathrm{e}^t\sin^2 t}{t}\mathrm{d}t$；

(6) $\int_0^{+\infty}\frac{\sin^2 t}{t^2}\mathrm{d}t$；

(7) $\int_0^{+\infty}t^3\mathrm{e}^{-t}\sin t\mathrm{d}t$.

4. 计算下列函数的 Laplace 逆变换.

(1) $F(s)=\dfrac{s}{s^2+9}$；

(2) $F(s)=\dfrac{1}{s^3}$；

(3) $F(s)=\dfrac{1}{(s-1)^3}$；

(4) $F(s)=\dfrac{1}{s}+\dfrac{1}{s+3}$；

(5) $F(s)=\dfrac{s}{s^2+9}$；

(6) $F(s)=\dfrac{2s+3}{s^2+9}$；

(7) $F(s)=\dfrac{s+6}{s^2+7s+10}$；

(8) $F(s)=\dfrac{s-2}{s(s+5)}$.

§2.3 卷 积

类似于 Fourier 变换的卷积性质，Laplace 变换也有卷积性质，它不仅可以用来求某些函数的 Laplace 逆变换及一些积分值，而且在线性系统的分析中有重要的作用.

2.3.1 卷积的概念

第 1 章介绍了 Fourier 变换的卷积

$$f_1(t)*f_2(t)=\int_{-\infty}^{+\infty}f_1(\tau)f_2(t-\tau)\mathrm{d}\tau.$$

由于本章的所有时域函数都满足当 $t<0$ 时等于零，即当 $t<0$ 时，$f_1(t)=f_2(t)=0$. 此时上式可写成

$$\begin{aligned}f_1(t)*f_2(t)&=\int_{-\infty}^{+\infty}f_1(\tau)f_2(t-\tau)\mathrm{d}\tau\\&=\int_{-\infty}^{0}f_1(\tau)f_2(t-\tau)\mathrm{d}\tau+\int_{0}^{t}f_1(\tau)f_2(t-\tau)\mathrm{d}\tau+\int_{t}^{+\infty}f_1(\tau)f_2(t-\tau)\mathrm{d}\tau\end{aligned}$$

其中，第一个积分，当 $\tau<0$ 时，$f_1(\tau)=0$，故 $\int_{-\infty}^{0}f_1(\tau)f_2(t-\tau)\mathrm{d}\tau=0$；第三个积分，当 $\tau>t$ 时，$t-\tau<0$，$f_2(t-\tau)=0$，故 $\int_{t}^{+\infty}f_1(\tau)f_2(t-\tau)\mathrm{d}\tau=0$，即

$$f_1(t)*f_2(t)=\int_{0}^{t}f_1(\tau)f_2(t-\tau)\mathrm{d}\tau.\tag{2.3.1}$$

易见，这里的卷积的定义与 Fourier 变换中给出的卷积定义完全一致，只是在内定的前提下，积分区间由$(-\infty,+\infty)$变到了$(0,t)$. 今后如无特殊说明，卷积的定义都按式(2.3.1)计算.

2.3.2 卷积的性质

(1)交换律：$f_1(t) * f_2(t) = f_2(t) * f_1(t)$；

(2)结合律：$f_1(t) * [f_2(t) * f_3(t)] = [f_1(t) * f_2(t)] * f_3(t)$；

(3)分配律：$f_1(t) * [f_2(t) + f_3(t)] = f_1(t) * f_2(t) + f_1(t) * f_3(t)$；

(4) $|f_1(t) * f_2(t)| \leqslant |f_1(t)| * |f_2(t)|$；

*(5)卷积的数乘 $a[f_1(t) * f_2(t)] = [af_1(t)] * f_2(t) = f_1(t) * [af_2(t)]$ (a 为常数)；

*(6)卷积的微分 $\frac{\mathrm{d}}{\mathrm{d}t}[f_1(t) * f_2(t)] = \frac{\mathrm{d}}{\mathrm{d}t}f_1(t) * f_2(t) = f_1(t) * \frac{\mathrm{d}}{\mathrm{d}t}f_2(t)$；

*(7)卷积的积分 $\int_0^t [f_1(\xi) * f_2(\xi)]\mathrm{d}\xi = f_1(t) * \int_0^t f_2(\xi)\mathrm{d}\xi = \int_0^t f_1(\xi)\mathrm{d}\xi * f_2(t)$.

例 1 若 $f_1(t) = \begin{cases} \cos t & 当\ t \geqslant 0 \\ 0 & 当\ t < 0 \end{cases}$，$f_2(t) = \begin{cases} t & 当\ t \geqslant 0 \\ 0 & 当\ t < 0 \end{cases}$，求 $f_1(t) * f_2(t)$.

解 由式(2.3.1)，
$$f_1(t) * f_2(t) = \int_0^t \cos\tau \cdot (t-\tau)\mathrm{d}\tau = t\int_0^t \cos\tau\mathrm{d}\tau - \int_0^t \tau\cos\tau\mathrm{d}\tau = 1 - \cos t.$$

当然，本题也可利用交换律计算 $f_2(t) * f_1(t)$，会得到相同的结果，读者不妨试之.

例 2 若 $f_1(t) = 1, f_2(t) = 1$，求 $f_1(t) * f_2(t)$.

解 由式(2.3.1)，$f_1(t) * f_2(t) = \int_0^t 1 \cdot 1\mathrm{d}\tau = t$.

2.3.3 卷积定理

类似于 Fourier 变换的卷积定理，Laplace 变换有如下卷积定理：

设 $f_1(t), f_2(t)$ 满足 Laplace 变换存在定理中的条件，且
$$\mathscr{L}[f_1(t)] = F_1(s), \mathscr{L}[f_2(t)] = F_2(s),$$
则 $f_1(t) * f_2(t)$ 的 Laplace 变换一定存在，且
$$\mathscr{L}[f_1(t) * f_2(t)] = F_1(s) \cdot F_2(s),$$
或
$$\mathscr{L}^{-1}[F_1(s) \cdot F_2(s)] = f_1(t) * f_2(t).$$

证明 首先容易证明 $f_1(t) * f_2(t)$ 满足 Laplace 变换存在定理的条件. 事实上，设 $|f_1(t)| \leqslant M\mathrm{e}^{ct}$，$|f_2(t)| \leqslant M\mathrm{e}^{ct}$，则
$$|f_1(t) * f_2(t)| = \left|\int_0^t f_1(\tau)f_2(t-\tau)\mathrm{d}\tau\right| \leqslant \int_0^t |f_1(\tau)f_2(t-\tau)|\mathrm{d}\tau$$
$$\leqslant M^2\int_0^t \mathrm{e}^{c\tau}\mathrm{e}^{c(t-\tau)}\mathrm{d}\tau \leqslant M^2 t\mathrm{e}^{ct} \leqslant M^2\mathrm{e}^{(c+1)t}.$$

其次，证明卷积公式. 事实上，

$$\mathscr{L}[f_1(t)*f_2(t)]=\int_0^{+\infty}[f_1(t)*f_2(t)]\mathrm{e}^{-st}\mathrm{d}t=\int_0^{+\infty}\left[\int_0^t f_1(\tau)f_2(t-\tau)\mathrm{d}\tau\right]\mathrm{e}^{-st}\mathrm{d}t,$$

这个二重积分的积分区域为 $D:0\leqslant t<+\infty,0\leqslant\tau\leqslant t$，如图 2-3-1 所示的阴影部分. 由于二重积分在 D 绝对可积，所以可以交换积分次序，即

$$\mathscr{L}[f_1(t)*f_2(t)]=\int_0^{+\infty}f_1(\tau)\left[\int_\tau^{+\infty}f_2(t-\tau)\mathrm{e}^{-st}\mathrm{d}t\right]\mathrm{d}\tau$$

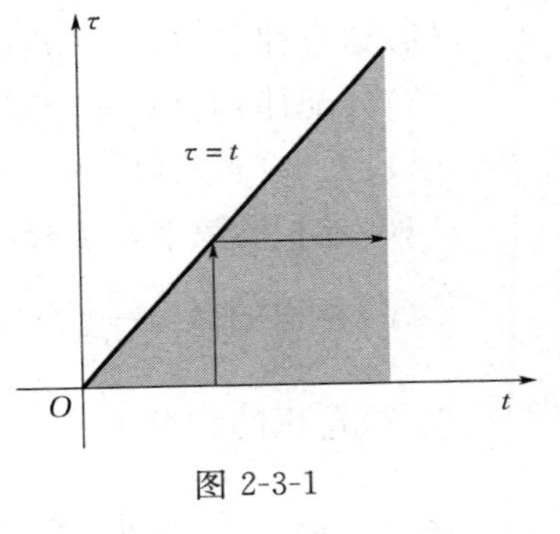

图 2-3-1

令 $t-\tau=u$，则

$$\int_\tau^{+\infty}f_2(t-\tau)\mathrm{e}^{-st}\mathrm{d}t=\int_\tau^{+\infty}f_2(u)\mathrm{e}^{-s(\tau+u)}\mathrm{d}u=\mathrm{e}^{-s\tau}F_2(s),$$

所以

$$\begin{aligned}\mathscr{L}[f_1(t)*f_2(t)]&=\int_0^{+\infty}f_1(\tau)\mathrm{e}^{-s\tau}F_2(s)\mathrm{d}\tau\\&=F_2(s)\int_0^{+\infty}f_1(\tau)\mathrm{e}^{-s\tau}\mathrm{d}\tau\\&=F_1(s)\cdot F_2(s).\end{aligned}$$

此性质表明，两个函数卷积的 Laplace 变换等于这两个函数 Laplace 变换的乘积.

将上述定理可推广到一般情形，即若 $f_k(t)(k=1,2,\cdots,n)$ 满足 Laplace 变换存在定理中的条件，且 $\mathscr{L}[f_k(t)]=F_k(s)(k=1,2,\cdots,n)$，则有

$$\mathscr{L}[f_1(t)*f_2(t)*\cdots*f_n(t)]=F_1(s)\cdot F_2(s)\cdot\cdots\cdot F_n(s).$$

2.3.4 卷积定理的应用

在 Laplace 变换的应用中，卷积定理起着非常重要的作用，它可以用来求某些函数的 Laplace 逆变换.

例 3 若 $F(s)=\dfrac{s}{s^2(1+s^2)}$，求 $f(t)$.

解 因为

$$F(s)=\frac{s}{s^2(1+s^2)}=\frac{1}{s^2}\cdot\frac{s}{1+s^2},$$

取

$$F_1(s)=\frac{1}{s^2},\quad F_2(s)=\frac{s}{1+s^2},$$

对应的

$$f_1(t)=t,\quad f_2(t)=\cos t,$$

由卷积定理得

$$\begin{aligned} f(t) &= \mathscr{L}^{-1}[F(s)] \\ &= \mathscr{L}^{-1}[F_1(s)\cdot F_2(s)] \\ &= f_1(t)*f_2(t) \\ &= t*\cos t \\ &= 1-\cos t. \end{aligned}$$

例 4 若 $F(s)=\dfrac{s}{(a^2+s^2)^2}$,求 $f(t)$.

解 因为
$$F(s)=\frac{1}{a}\frac{s}{a^2+s^2}\cdot\frac{a}{a^2+s^2}=\frac{1}{a}F_1(s)\cdot F_2(s),$$
对应的
$$f_1(t)=\cos at,\quad f_2(t)=\sin at,$$
由卷积定理得
$$\begin{aligned} f(t) &= \mathscr{L}^{-1}[F(s)] \\ &= \frac{1}{a}f_1(t)*f_2(t) \\ &= \frac{1}{a}\int_0^t \cos a\tau\ \sin a(t-\tau)\mathrm{d}\tau \\ &= \frac{1}{a}\frac{t}{2}\sin at \\ &= \frac{t}{2a}\sin at. \end{aligned}$$

在工程技术中,有时会遇到比较复杂的函数,这时如果直接求它们的卷积比较麻烦,若根据卷积定理先求出函数的 Laplace 变换的乘积,再求其逆变换,就可以较为简单地求出函数的卷积了.

例 5 已知 $f(t)=\begin{cases}0 & 当\ t<0\\ 1 & 当\ 0\leqslant t\leqslant 1\\ 0 & 当\ t>1\end{cases}$,$g(t)=\begin{cases}0 & 当\ t<0\\ 1 & 当\ 0\leqslant t\leqslant 2\\ 0 & 当\ t>1\end{cases}$,求 $f(t)*g(t)$.

解 $f(t)$和 $g(t)$的图形如图 2-3-2 所示,它们分别可以用单位阶跃函数来表示.

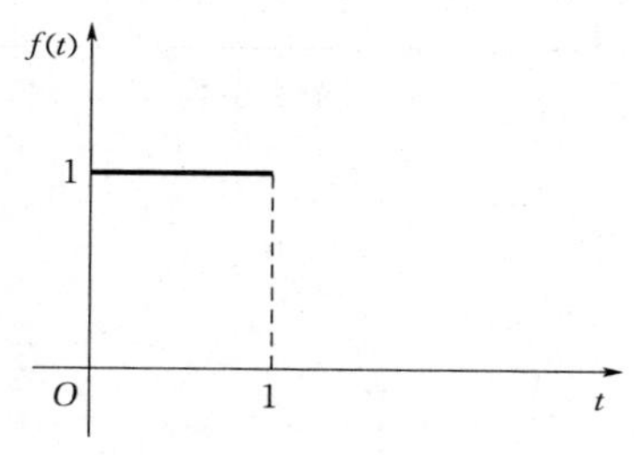

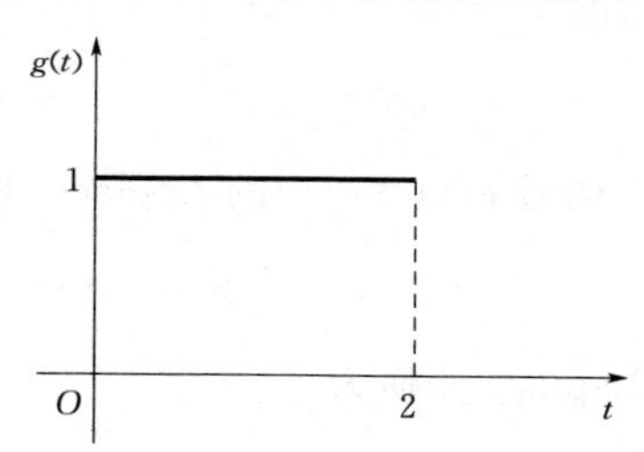

图 2-3-2

即
$$f(t)=u(t)-u(t-1),g(t)=u(t)-u(t-2).$$
从而
$$\mathscr{L}[f(t)]=F(s)=\mathscr{L}[u(t)-u(t-1)]=\frac{1}{s}-\frac{1}{s}e^{-s},$$
$$\mathscr{L}[g(t)]=G(s)=\mathscr{L}[u(t)-u(t-2)]=\frac{1}{s}-\frac{1}{s}e^{-2s},$$
$$F(s)\cdot G(s)=\frac{1}{s}(1-e^{-s})\frac{1}{s}(1-e^{-2s})=\frac{1}{s^2}(1-e^{-s}-e^{-2s}+e^{-3s}).$$
由卷积定理,得
$$\begin{aligned}f(t)*g(t)&=\mathscr{L}^{-1}[F(s)\cdot G(s)]\\&=\mathscr{L}^{-1}\left[\frac{1}{s^2}(1-e^{-s}-e^{-2s}+e^{-3s})\right]\\&=tu(t)-(t-1)u(t-1)-(t-2)u(t-2)+(t-3)u(t-3)\\&=\begin{cases}0 & 当\ t<0\\ t & 当\ 0\leqslant t<1\\ 1 & 当\ 1\leqslant t<2.\\ -t+3 & 当\ 2\leqslant t<3\\ 0 & 当\ t\geqslant 3\end{cases}\end{aligned}$$
$f(t)*g(t)$的图形如图 2-3-3 所示.

在 Laplace 变换的应用中,卷积不仅可以用来求某些函数的 Laplace 逆变换,而且在线性系统的分析中有重要的作用.

例 6 如图 2-3-4 所示为 RL 电路,激励信号为单位阶跃函数 $e(t)=u(t)$,求电流 $i(t)$.

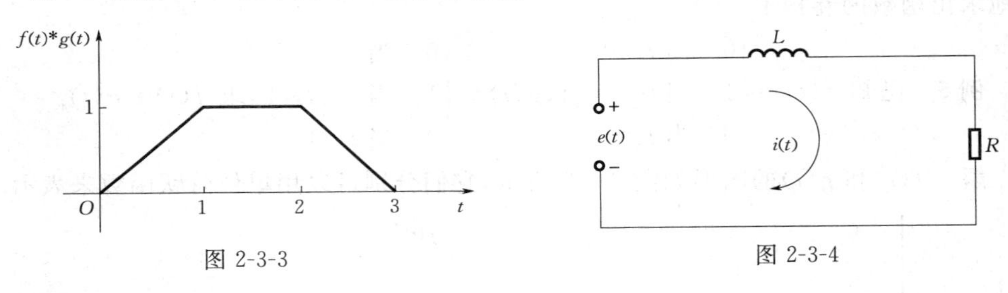

图 2-3-3　　图 2-3-4

解　信号 $e(t)=u(t)$的 Laplace 变换为
$$E(s)=\mathscr{L}[u(t)]=\frac{1}{s},$$
电流的 Laplace 变换为
$$\mathscr{L}[i(t)]=I(s)=\frac{1}{R+sL}E(s),$$

而

$$\frac{1}{R+sL}=\mathscr{L}\left[\frac{1}{L}e^{-\frac{R}{L}t}\right],$$

所以

$$\begin{aligned} i(t) &= \frac{1}{L}e^{-\frac{R}{L}t} * u(t) \\ &= \int_0^t u(\tau)\,\frac{1}{L}e^{-\frac{R}{L}(t-\tau)}\,d\tau \\ &= \frac{1}{R}e^{-\frac{R}{L}(t-\tau)}\Big|_0^t \\ &= \frac{1}{R}(1-e^{-\frac{R}{L}t}). \end{aligned}$$

另外,卷积定理还可以解微积分方程,见第 2.5 节.

习 题 2.3

1. 求下列卷积.

(1)$t*t$; (2) $1*t$;

(3)$t*e^t$; (4)$\cos t*\sin t$;

(5)$\cos t*\cos t$; (6)$t*\sin t$;

(7)$t*\operatorname{sh} t$; (8)$\operatorname{sh} kt*\operatorname{sh} kt$;

(9)$u(t-a)*f(t) \quad (a\geqslant 0)$; (10)$\delta(t-a)*f(t) \quad (a\geqslant 0)$.

2. 利用卷积定理,求下列函数的 Laplace 逆变换.

(1)$F(s)=\frac{s}{(s-a)(s-b)}$; (2) $F(s)=\frac{1}{s^2(s^2+1)}$;

(3)$F(s)=\frac{1}{s(s-1)(s-2)}$; (4)$F(s)=\frac{s+1}{s(s^2+4)}$.

§ 2.4 Laplace 逆变换

前面几节主要介绍了已知象原函数 $f(t)$求它的象函数 $F(s)$,但在实际问题中常常会遇到与之相反的问题,即已知象函数 $F(s)$,求它的象原函数 $f(t)$.虽然前面我们利用常见函数的 Laplace 变换及 Laplace 变换的性质求出了某些函数的 Laplace 逆变换，但对一些比较复杂的象函数，要求出其象原函数，我们必须研究求逆变换的一般方法，这就是本节所讨论的主要问题.

2.4.1 反演积分公式

由 Laplace 变换的概念知，函数 $f(t)$ 的 Laplace 变换，实际上就是 $f(t)u(t)\mathrm{e}^{-\beta t}$ 的 Fourier 变换. 故当 $f(t)u(t)\mathrm{e}^{-\beta t}$ 满足 Fourier 积分定理的条件时，由 Fourier 积分公式，在连续点处，有

$$\begin{aligned} f(t)u(t)\mathrm{e}^{-\beta t} &= \frac{1}{2\pi}\int_{-\infty}^{+\infty}\left[\int_{-\infty}^{+\infty} f(\tau)u(\tau)\mathrm{e}^{-\beta\tau}\mathrm{e}^{-\mathrm{j}\omega\tau}\,\mathrm{d}\tau\right]\mathrm{e}^{\mathrm{j}\omega t}\,\mathrm{d}\omega \\ &= \frac{1}{2\pi}\int_{-\infty}^{+\infty}\mathrm{e}^{\mathrm{j}\omega t}\left[\int_{0}^{+\infty} f(\tau)\mathrm{e}^{-(\beta+\mathrm{j}\omega)\tau}\,\mathrm{d}\tau\right]\mathrm{d}\omega \\ &= \frac{1}{2\pi}\int_{-\infty}^{+\infty} F(\beta+\mathrm{j}\omega)\mathrm{e}^{\mathrm{j}\omega t}\,\mathrm{d}\omega, \quad t>0. \end{aligned}$$

等式两边同乘 $\mathrm{e}^{\beta t}$，并考虑到它与积分变量 ω 无关，则

$$f(t) = \frac{1}{2\pi}\int_{-\infty}^{+\infty} F(\beta+\mathrm{j}\omega)\mathrm{e}^{(\beta+\mathrm{j}\omega)t}\,\mathrm{d}\omega, \quad t>0.$$

令 $\beta+\mathrm{j}\omega=s$，则有

$$f(t) = \frac{1}{2\pi\mathrm{j}}\int_{\beta-\mathrm{j}\infty}^{\beta+\mathrm{j}\infty} F(s)\mathrm{e}^{st}\,\mathrm{d}s, \quad t>0. \tag{2.4.1}$$

此式为由象函数 $F(s)$ 求它的象原函数 $f(t)$ 的一般公式. 式(2.4.1)右端的积分称为 **Laplace 变换反演积分**. 此公式与之前的公式

$$F(s) = \int_{0}^{+\infty} f(t)\mathrm{e}^{-st}\,\mathrm{d}t$$

构成了一对互逆的积分变换公式，称 $f(t)$ 和 $F(s)$ 构成了一个 **Laplace 变换对**.

2.4.2 反演积分公式的计算（留数法）

容易看出，式(2.4.1)是一个复变函数的积分，通常计算起来比较困难. 但当 $F(s)$ 满足一定的条件时，可用留数的方法来计算这个反演积分，下面的定理将提供计算这种反演积分的方法.

定理 2.4.1 若 $s_1, s_2, \cdots, s_n$ 是函数 $F(s)$ 的所有有限个奇点（适当选取 β，使这些奇点全在 $\mathrm{Re}(s)<\beta$ 的范围内），且当 $s\to\infty$ 时，$F(s)\to 0$，则有

$$\frac{1}{2\pi\mathrm{j}}\int_{\beta-\mathrm{j}\infty}^{\beta+\mathrm{j}\infty} F(s)\mathrm{e}^{st}\,\mathrm{d}s = \sum_{k=1}^{n}\operatorname*{Res}_{s=s_k}[F(s)\mathrm{e}^{st}], \quad t>0,$$

即

$$f(t) = \sum_{k=1}^{n} \operatorname*{Res}_{s=s_k}[F(s)e^{st}], \quad t > 0 \tag{2.4.2}$$

成立.

证明　作如图 2-4-1 所示的闭曲线 $C=L+C_R$，其中 C_R 是在 $\mathrm{Re}(s)<\beta$ 的区域内半径为 R 的圆弧，当 R 充分大后，可以使 $F(s)$的所有奇点包含在闭曲线 C 所围成的区域内. 同时因为 e^{st} 在整个复平面内解析，所以 $F(s)e^{st}$ 的奇点也就是 $F(s)$的奇点，则由留数定理可得

$$\oint_C F(s)e^{st}\,ds = \int_L F(s)e^{st}\,ds + \int_{C_R} F(s)e^{st}\,ds$$

$$= 2\pi j \sum_{k=1}^{n} \operatorname*{Res}_{s=s_k}[F(s)e^{st}],$$

即

$$\frac{1}{2\pi j}\left[\int_{\beta-jR}^{\beta+jR} F(s)e^{st}\,ds + \int_{C_R} F(s)e^{st}\,ds\right] = \sum_{k=1}^{n} \operatorname*{Res}_{s=s_k}[F(s)e^{st}],$$

对于上式左方，当 $R\to\infty$ 时，根据复变函数论中的 Jordan 引理，有

$$\lim_{R\to\infty}\int_{C_R} F(s)e^{st}\,ds = 0, \quad t > 0,$$

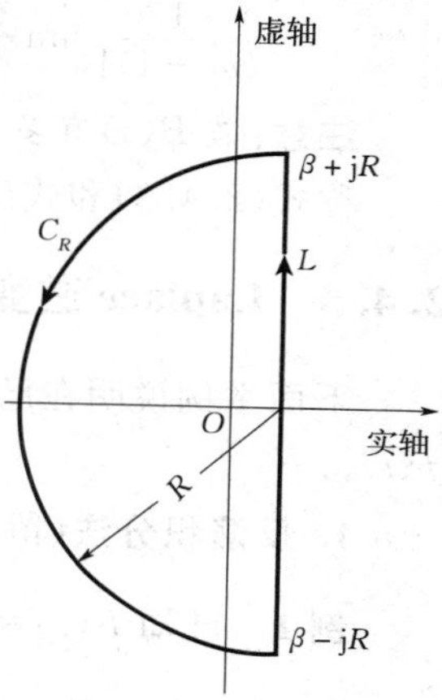

图 2-4-1

从而

$$\frac{1}{2\pi j}\int_{\beta-j\infty}^{\beta-j\infty} F(s)e^{st}\,ds = \sum_{k=1}^{n} \operatorname*{Res}_{s=s_k}[F(s)e^{st}], \quad t > 0.$$

特别地，当 $F(s)$为有理函数时，即 $F(s)=\dfrac{A(s)}{B(s)}$，其中 $A(s)$，$B(s)$是不可约多项式. 设 $B(s)$的次数为 n，且 $A(s)$的次数小于 $B(s)$的次数（在线性电路中，常见的响应量电压和电流的象函数往往为有理函数），在这种情况下，$F(s)$满足上述定理的条件，因此可由式(2.4.2)求出象原函数 $f(t)$，且应用上述定理时变得更为简单. 下面分两种情况来讨论.

(1)若 $s_1,s_2,\cdots,s_n$ 是函数 $B(s)$的 n 个单零点，即为 $F(s)$的 n 个单极点，根据留数的计算方法，有

$$f(t) = \sum_{k=1}^{n} \operatorname*{Res}_{s=s_k}[F(s)e^{st}]$$

$$= \sum_{k=1}^{n} \operatorname*{Res}_{s=s_k}\left[\frac{A(s)}{B(s)}e^{st}\right]$$

$$= \sum_{k=1}^{n} \frac{A(s_k)}{B'(s_k)}e^{s_k t}, \quad t > 0. \tag{2.4.3}$$

(2)若 s_1 是函数 $B(s)$的 m 极零点，即为 $F(s)$的 m 级极点，而其余的 $s_{m+1}, s_{m+2}, \cdots, s_n$ 是 $B(s)$的单零点，根据留数的计算方法，有

$$\begin{aligned} f(t) &= \operatorname*{Res}_{s=s_1}[F(s)e^{st}] + \sum_{k=m+1}^{n} \operatorname*{Res}_{s=s_k}[F(s)e^{st}] \\ &= \frac{1}{(m-1)!} \lim_{s \to s_1} \frac{d^{m-1}}{ds^{m-1}} \left[(s-s_1)^m \frac{A(s)}{B(s)} e^{st} \right] + \sum_{k=m+1}^{n} \frac{A(s_k)}{B'(s_k)} e^{s_k t}, \quad t > 0. \end{aligned} \tag{2.4.4}$$

注意：若 $B(s)$有多个多重零点，有关公式读者可类似推得.

称式(2.4.3)和式(2.4.4)为**赫维赛德(Heaviside)展开式**.

2.4.3 Laplace 逆变换求法举例

下面举例说明在已知 Laplace 变换中象函数 $F(s)$的前提下，如何去求其象原函数 $f(t)$.

1. 反演积分法(留数法)

例 1 已知 $F(s)=\frac{s}{s^2+1}$，求 $f(t)$.

解 因 $F(s)$有两个单极点，分别为 $s_1=\mathrm{j}, s_2=-\mathrm{j}$. 由 Heaviside 展开式得

$$\begin{aligned} f(t) &= \operatorname*{Res}_{s=\mathrm{j}}[F(s)e^{st}] + \operatorname*{Res}_{s=-\mathrm{j}}[F(s)e^{st}] \\ &= \frac{s}{2s}e^{st}\Big|_{s=\mathrm{j}} + \frac{s}{2s}e^{st}\Big|_{s=-\mathrm{j}} \\ &= \frac{e^{\mathrm{j}t}+e^{-\mathrm{j}t}}{2} = \cos t. \end{aligned}$$

这与之前我们熟知的结果是一致的.

例 2 已知 $F(s)=\frac{1}{s^2(1+s)}$，求 $f(t)$.

解 因 $F(s)$有一个单极点，$s_1=-1$；一个二级极点 $s_2=0$. 由 Heaviside 展开式得

$$\begin{aligned} f(t) &= \operatorname*{Res}_{s=-1}[F(s)e^{st}] + \operatorname*{Res}_{s=0}[F(s)e^{st}] \\ &= \frac{1}{3s^2+2s}e^{st}\Big|_{s=-1} + \lim_{s \to 0}\left[s^2 \frac{1}{s^2(1+s)} e^{st}\right]' \\ &= e^{-t} + \lim_{s \to 0} \frac{te^{st}(s+1)-e^{st}}{(s+1)^2} \\ &= e^{-t} + t - 1. \end{aligned}$$

例 3 求 $F(s)=\frac{s}{s-3}$的 Laplace 逆变换.

解 因为当 $s \to \infty$时，$F(s)$不趋于 0，所以不满足定理 2.4.1 的条件.

$$\mathscr{L}^{-1}[F(s)]=\mathscr{L}^{-1}\left[1+\frac{3}{s-3}\right]$$
$$=\delta(t)+3e^{3t}.$$

注意:错误的解法是

$$f(t)=\operatorname*{Res}_{s=3}[F(s)e^{st}]$$
$$=\frac{s}{1}e^{st}\bigg|_{s=3}$$
$$=3e^{3t}.$$

2. 利用 Laplace 变换的性质

例 4 设 $F'(s)=\frac{s}{s^2+1}$,求 $F(s)$的 Laplace 逆变换.

解 由 Laplace 变换象函数的微分性质,即

$$\mathscr{L}[tf(t)]=-F'(s),$$

得

$$f(t)=-\mathscr{L}^{-1}[F'(s)]\cdot\frac{1}{t}=-\frac{\cos t}{t}.$$

例 5 已知 $F(s)=\ln\frac{s+1}{s-1}$,求 $f(t)$.

解 因为

$$F'(s)=-\frac{2}{s^2-1}$$

由 Laplace 变换象函数的微分性质,即

$$\mathscr{L}[tf(t)]=-F'(s),$$

得

$$f(t)=-\mathscr{L}^{-1}[F'(s)]\cdot\frac{1}{t}$$
$$=-\mathscr{L}^{-1}\left[-\frac{2}{s^2-1}\right]\cdot\frac{1}{t}$$
$$=\frac{2}{t}\mathscr{L}^{-1}\left[\frac{1}{s^2-1}\right]$$
$$=\frac{2}{t}\operatorname{sh} t.$$

3. 部分分式法

部分分式法是先将象函数 $F(s)$分解为若干分式之和,利用常见函数的 Laplace 变换逐个求其逆变换,从而达到化繁为简、化难为易的目的.

例 6 若 $F(s)=\frac{1}{s(s-1)^2}$,求 $f(t)$.

解 $F(s)$为一有理分式,按照有理分式部分分式的方法,将$F(s)$化为

$$F(s)=\frac{1}{s}-\frac{1}{s-1}+\frac{1}{(s-1)^2},$$

从而

$$f(t)=\mathscr{L}^{-1}\left[\frac{1}{s}-\frac{1}{s-1}+\frac{1}{(s-1)^2}\right]$$
$$=1-e^t+te^t.$$

例 7 若$F(s)=\dfrac{s}{(s+1)(s-2)(s+3)}$,求$f(t)$.

解 $F(s)$为一有理分式,按照有理分式部分分式的方法,将$F(s)$化为

$$F(s)=\frac{1}{6}\frac{1}{s+1}+\frac{2}{15}\frac{1}{s-2}-\frac{3}{10}\frac{1}{s+3},$$

从而

$$f(t)=\mathscr{L}^{-1}[F(s)]=\frac{1}{6}e^{-t}+\frac{2}{15}e^{2t}-\frac{3}{10}e^{-3t}.$$

以上两题也可以用反演积分法得到完全相同的结果,读者自行求解.但有时用部分分式法计算量比较大,到底用哪种方法,应根据实际情况选择较简单的方法进行计算.

4. 查表法

例 8 求$\dfrac{12s}{(s^2+25)(s^2+1)}$的 Laplace 逆变换.

解 根据附录 B 中 20 式,当$a=2,b=3$时,有

$$\mathscr{L}[\sin 2t\sin 3t]=\frac{12s}{(s^2+5^2)(s^2+1^2)}=\frac{12s}{(s^2+25)(s^2+1)}.$$

故

$$\mathscr{L}^{-1}\left[\frac{12s}{(s^2+25)(s^2+1)}\right]=\sin 2t\sin 3t.$$

例 9 求$F(s)=\dfrac{s^2-a^2}{(s^2+a^2)^2}$的 Laplace 逆变换.

解 根据附录 B 中找不到现成的公式,但$F(s)$可以变形为公式中有的公式,

$$F(s)=\frac{s^2-a^2}{(s^2+a^2)^2}=\frac{s^2}{(s^2+a^2)^2}-\frac{a^2}{(s^2+a^2)^2},$$

等式右端两式分别根据附录 B 中式(30)和式(29),得

$$\mathscr{L}^{-1}\left[\frac{s^2}{(s^2+a^2)^2}\right]=\frac{1}{2a}(\sin at+at\cos at),$$

$$\mathscr{L}^{-1}\left[\frac{a^2}{(s^2+a^2)^2}\right]=\frac{1}{2a}(\sin at-at\cos at),$$

故

$$\mathcal{L}^{-1}\left[\frac{s^2-a^2}{(s^2+a^2)^2}\right]=t\cos at.$$

另外，利用卷积的方法也可以求 $F(s)$ 的 Laplace 逆变换，这种方法在 §2.3 节已做过讨论，如其中的例 1、例 2、例 3 等，不再重复.

习 题 2.4

求下列函数的 Laplace 逆变换，并用另一种方法加以验证.

(1) $F(s)=\dfrac{1}{s^2+k^2}$；

(2) $F(s)=\dfrac{2s+3}{s^2+9}$；

(3) $F(s)=\dfrac{2s+1}{s(s+1)(s+2)}$；

(4) $F(s)=\dfrac{s}{(s-a)(s-b)}$；

(5) $F'(s)=\dfrac{s}{s^2+1}$；

(6) $F(s)=\dfrac{s}{s-3}$；

(7) $F(s)=\dfrac{1}{s^2(s^2-4)}$；

(8) $F(s)=\dfrac{s}{(s^2+4)(s^2+9)}$；

(9) $F(s)=\dfrac{s^2+2s-1}{s(s+1)^2}$；

(10) $F(s)=\dfrac{1}{s^4-a^4}$；

(11) $F(s)=\dfrac{1}{s^2+3s+2}$；

(12) $F(s)=\dfrac{2s+3}{s^2+3s+2}$；

(13) $F(s)=\dfrac{1}{(s-1)(s-2)(s+3)}$；

(14) $F(s)=\dfrac{1+e^{-3s}}{s^2}$；

(15) $F(s)=\dfrac{s+1}{s^3(s-1)^2}$；

(16) $F(s)=\dfrac{s+2}{(s^2+4s+5)^2}$.

§2.5 Laplace 变换的应用

Laplace 变换在工程技术中有着广泛的应用，特别是在电学系统、自动控制系统、力学系统等科学系统中都起着非常重要的作用.

在电学系统中的简单电路，通常是根据电路定律和元件的电压、电流关系建立数学模型，得到以时间为自变量的线性常微分方程，直接求解微分方程就可得到电路变量在时域的解，此方法称为**经典法**.

但对于具有多个动态元件的复杂电路，用直接求解微分方程的方法，计算量非常大. 此时，我们可以采取**积分变换法**去分析和求解这类方程，把时域的复杂的微积分方程化为频域的简单方程,从而把已知的时域函数转化为复频域(s 域)函数,是一种十分简单有效的方法. Laplace 变换法的求解步骤和 Fourier 变换方法求解此类方程的步骤完全类似,即

(1)对原方程两端取 Laplace 变换,同时结合其初始条件,将原方程转化为象函数的代数方程;

(2)求解象函数满足的代数方程,得到象函数;

(3)对求得的象函数取 Laplace 逆变换,得到原方程的解. 其基本思想可用方框图 2-5-1 表示.

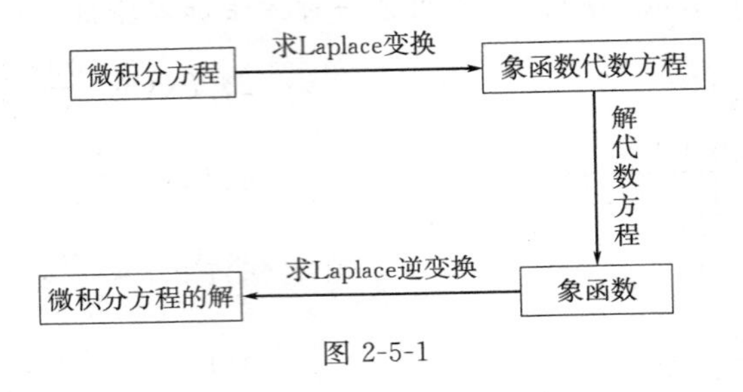

图 2-5-1

2.5.1 单个方程的情形

1. 初值问题

例 1 求方程 $x''-2x'+x=1$ 满足初始条件 $x(0)=x'(0)=0$ 的解.

解 设$\mathscr{L}[x(t)]=X(s)$,对方程两端取 Laplace 变换,得

$$s^2X(s)-sx(0)-x'(0)-2[sX(s)-x(0)]+X(s)=\frac{1}{s},$$

将初始条件代入,得

$$s^2X(s)-2sX(s)+X(s)=\frac{1}{s},$$

这是象函数 $X(s)$的代数方程,整理后解出 $X(s)$,得

$$X(s)=\frac{1}{s\,(s-1)^2},$$

两端取 Laplace 逆变换,得

$$x(t)=\mathscr{L}^{-1}\left[\frac{1}{s\,(s-1)^2}\right],$$

由 § 2.4 节例 6 得,

$$x(t)=\mathscr{L}^{-1}\left[\frac{1}{s}-\frac{1}{s-1}+\frac{1}{(s-1)^2}\right]=1-e^t+te^t.$$

本例为一个常系数非齐次线性常微分方程满足初始条件的求解问题，称此类问题为**常系数线性微分方程的初值问题**.

例 2　求方程 $y'''+3y''+3y'+y=6\mathrm{e}^{-t}$ 满足初始条件 $y(0)=y'(0)=y''(0)=0$ 的解.

解　设 $\mathscr{L}[y(t)]=Y(s)$，对方程两端取 Laplace 变换，并代入初值得

$$s^3Y(s)+3s^2Y(s)+3sY(s)+Y(s)=\frac{6}{s+1},$$

这是象函数 $Y(s)$ 的代数方程，整理后解出 $Y(s)$，得

$$Y(s)=\frac{6}{(s+1)^4},$$

两端取 Laplace 逆变换，得

$$y(t)=\mathscr{L}^{-1}\left[\frac{3!}{(s+1)^4}\right],$$

从而

$$y(t)=t^3\mathrm{e}^{-t}.$$

例 3　求方程 $ty''+2y'+ty=0$ 的满足初始条件 $y(0)=1, y'(0)=c_0$ 的解.

解　设 $\mathscr{L}[y(t)]=Y(s)$，对方程两端取 Laplace 变换，得

$$-\frac{\mathrm{d}}{\mathrm{d}s}[s^2Y(s)-sy(0)-y'(0)]+2sY(s)-2y(0)-Y'(s)=0,$$

代入初始条件，整理后得

$$(s^2+1)Y'(s)=-1,$$

$$Y'(s)=\frac{-1}{(s^2+1)},$$

解得

$$Y(s)=\arctan\frac{1}{s},$$

查表可得

$$y(t)=\frac{\sin t}{t}.$$

本例为一个变系数线性微分方程满足初值条件的求解问题，此类问题称为**变系数线性微分方程的初值问题**.

例 4　求微积分方程 $\int_0^t y(\tau)\cos(t-\tau)\mathrm{d}\tau=y'(t), y(0)=1$ 的解.

解　显然，$\int_0^t y(2)\cos(t-2)\mathrm{d}\tau=y(t)*\cos t$，设 $\mathscr{L}[y(t)]=Y(s)$，由卷积定理，对方程两端取 Laplace 变换，得

$$Y(s)\cdot\frac{s}{s^2+1}=sY(s)-y(0),$$

整理得

$$Y(s)=\frac{1}{s}+\frac{1}{s^3},$$

从而

$$y(t)=1+\frac{1}{2}t^2.$$

2. 边值问题

例 5 求方程 $y''-2y'+y=0$ 满足边界条件 $y(0)=0, y(1)=2$ 的解.

解 设$\mathscr{L}[y(t)]=Y(s)$,对方程两端取 Laplace 变换,并代入初值得

$$s^2Y(s)-y'(0)-2sY(s)+Y(s)=0,$$

这是象函数 $Y(s)$ 的代数方程,整理后解出 $Y(s)$,得

$$Y(s)=\frac{y'(0)}{(s-1)^2},$$

两端取 Laplace 逆变换,得

$$y(t)=\mathscr{L}^{-1}\left[\frac{y'(0)}{(s-1)^2}\right]=y'(0)te^t,$$

将 $y(1)=2$ 代入上式,得

$$y(1)=2=y'(0)e,$$

即

$$y'(0)=2e^{-1},$$

从而原方程的解为

$$y(t)=2te^{t-1}.$$

本例为一个常系数线性常微分方程满足边值条件的求解问题,称此类问题为**常系数线性微分方程的边值问题**.

通过求解过程可以发现,常系数线性微分方程的边值问题可以先当作一个初值问题来求解,而所得微分方程的解中含有未知的初值可由已知的边值求得,进而最后完全确定微分方程满足边界条件的解.

2.5.2 方程组的情形

例 6 求微分方程组 $\begin{cases} x''-2y'-x=0 \\ x'-y=0 \end{cases}$ 满足初始条件 $x(0)=0, x'(0)=1, y(0)=1$ 的解.

解 设$\mathscr{L}[x(t)]=X(s)$,$\mathscr{L}[y(t)]=Y(s)$,对方程组两端取 Laplace 变换,并考虑到初始条件,得

$$\begin{cases} s^2X(s)-sx(0)-x'(0)-2[sY(s)-y(0)]-X(s)=0 \\ sX(s)-x(0)-Y(s)=0 \end{cases},$$

代入初值整理并化简后得

$$\begin{cases} (s^2-1)X(s)-2sY(s)+1=0 \\ sX(s)-Y(s)=0 \end{cases},$$

解这个代数方程组得

$$\begin{cases} X(s)=\dfrac{1}{s^2+1} \\ Y(s)=\dfrac{s}{s^2+1} \end{cases},$$

对方程组两边取 Laplace 逆变换得

$$\begin{cases} x(t)=\sin t \\ y(t)=\cos t \end{cases}.$$

例 7　求微积分方程组 $\begin{cases} x''+2x'+\int_0^t y(\tau)\mathrm{d}\tau=0 \\ 4x''-x'+y=\mathrm{e}^{-t} \end{cases}$ 满足初始条件 $x(0)=0, x'(0)=-1$ 的解.

解　设 $\mathscr{L}[x(t)]=X(s)$，$\mathscr{L}[y(t)]=Y(s)$，对方程组两端取 Laplace 变换，并考虑到初始条件，得

$$\begin{cases} s^2X(s)+1+2sX(s)+\dfrac{1}{s}Y(s)=0 \\ 4s^2X(s)+4-sX(s)+Y(s)=\dfrac{1}{s+1} \end{cases},$$

即

$$\begin{cases} (s^3+2s^2)X(s)+Y(s)=-s \\ (4s^2-s)X(s)+Y(s)=\dfrac{1}{s+1}-4 \end{cases},$$

两式相减，消去 $Y(s)$ 可得

$$(s^3-2s^2+s)X(s)=-s-\frac{1}{s+1}+4,$$

即

$$X(s)=\frac{4}{s(s-1)^2}-\frac{1}{(s-1)^2}-\frac{1}{s(s+1)(s-1)^2},$$

将 $X(s)$ 的结果代入上述方程组的第一个方程可得

$$\begin{aligned} Y(s)&=-s-(s^3+2s^2)X(s) \\ &=-s-\frac{4s(s+2)}{(s-1)^2}+\frac{s^2(s+2)}{(s-1)^2}+\frac{s(s+2)}{(s+1)(s-1)^2}, \end{aligned}$$

即

$$\begin{cases} X(s)=\dfrac{3}{s}+\dfrac{1}{4}\cdot\dfrac{1}{s+1}-\dfrac{13}{4}\cdot\dfrac{1}{s-1}+\dfrac{5}{2}\cdot\dfrac{1}{(s-1)^2} \\ Y(s)=-\dfrac{1}{4}\cdot\dfrac{1}{s+1}-\dfrac{15}{2}\cdot\dfrac{1}{(s-1)^2}-\dfrac{31}{4}\cdot\dfrac{1}{s-1} \end{cases},$$

取 Laplace 逆变换，从而得方程组的解为

$$\begin{cases} x(t)=3+\dfrac{1}{4}\mathrm{e}^{-t}-\dfrac{13}{4}\mathrm{e}^{t}+\dfrac{5}{2}t\mathrm{e}^{t} \\ y(t)=-\dfrac{1}{4}\mathrm{e}^{-t}-\dfrac{15}{2}t\mathrm{e}^{t}-\dfrac{31}{4}\mathrm{e}^{t} \end{cases}.$$

2.5.3 广义积分的求解

用 Laplace 变换的方法，除了能求解复杂微积分方程，还可以计算广义积分.

$\mathscr{L}[f(t)]=F(s)$，由式(2.1.1)，并取 $s=0$，得

$$\int_0^{+\infty} f(t)\mathrm{d}t = F(0).$$

一般地，取 $s=s_0$，则有

$$\int_0^{+\infty} f(t)\mathrm{e}^{-s_0 t}\mathrm{d}t = F(s_0).$$

即可将求 $f(t)$ 或 $f(t)\mathrm{e}^{-kt}$ 的广义积分转化为求 $f(t)$ 的 Laplace 变换函数 $F(s)$ 在特殊点处的函数值.

例 8 计算 $\int_0^{+\infty} t\sin t\mathrm{e}^{-t}\mathrm{d}t$.

解 原式 $=\mathscr{L}[t\sin t]\big|_{s=1}$

$$=-\left(\frac{1}{s^2+1}\right)'\bigg|_{s=1}$$

$$=\frac{2s}{(s^2+1)^2}\bigg|_{s=1}$$

$$=\frac{1}{2}.$$

此类型的应用在§2.2 节(例 10)中也有介绍，在此不再多举例.

习 题 2.5

1. 求下列微分方程的解.

(1) $y'-y=\mathrm{e}^{2t}, y(0)=0$；

(2) $y''+2y'-3y=e^{-t}, y(0)=0, y'(0)=1$;

(3) $y''-3y'+2y=5, y(0)=1, y'(0)=2$;

(4) $x''-2x'+x=0, x(0)=0, x(1)=2$;

(5) $y'''+2y''+y'=-2e^{-2t}, y(0)=2, y'(0)=y''(0)=0$;

(6) $x^{(4)}+2x''+x=0, x(0)=x'(0)=x'''(0)=0, x''(0)=1$;

(7) $y^{(4)}+y'''=\cos t+\frac{1}{2}\delta(t), y(0)=y'(0)=y'''(0)=0, y''(0)=c_0$(常数);

(8) $ty''+(1-2t)y'-2y=0, y(0)=1, y'(0)=2$.

2. 求下列微积分方程的解.

(1) $y(t)-e^t=\int_0^t y(\tau)e^{t-\tau}d\tau$;

(2) $y'(t)+\int_0^t y(\tau)d\tau=1$;

(3) $y(t)=\sin t-2\int_0^t y(\tau)\cos(t-\tau)d\tau$;

(4) $y(t)+\int_0^t e^{(t-\tau)}y(\tau)d\tau=y'(t), y(0)=1$;

(5) $2\int_0^t e^{(t-\tau)}y(\tau)d\tau=y'(t), y(0)=1$.

3. 求下列微积分方程组的解.

(1) $\begin{cases}x'+y'=1\\x'-y'=t\end{cases}\quad(x(0)=a, y(0)=b)$;

(2) $\begin{cases}x'+x-y=e^t\\3x-y'-2y=2e^t\end{cases}\quad(x(0)=y(0)=1)$;

(3) $\begin{cases}x'-x+y+z=0\\x+y''-y+z=0\\x+y+z''-z=0\end{cases}\quad(x(0)=1, y(0)=z(0)=x'(0)=y'(0)=z'(0)=0)$;

(4) $\begin{cases}x''+2x'+\int_0^t y(\tau)d\tau=0\\4x''-x'+y=e^{-t}\end{cases}\quad(x(0)=0, x'(0)=-1)$.

第二部分　场　　论

物理学中把某个物理量在空间中一个区域内的分布称为场，如温度场、密度场、引力场、电场、磁场等，如果形成场的物理量只随空间位置变化，不随时间变化，则称为**稳定场**；如果形成场的物理量不仅随空间位置变化而且还随时间变化，则称为不稳定场. 在实际中，一般的场都是**不稳定场**，但为了研究方便，可以把在一段时间内物理量变化很小的场近似地看作稳定场. 本书主要介绍稳定场.

从各种场的取值性质来看可以分成两大类：数量场和矢量场. 数量场是每个点对应一个数量；矢量场是每个点对应一个矢量. 本书主要从宏观和微观两方面来研究这两种场.

第3章 数 量 场

当研究物理系统中温度、压力、密度等在一定空间内的分布状态时，数学上只需用一个代数量来描绘，这些代数量（即数量函数）所定出的场就为数量场，本章主要介绍数量场的等值面（线）、方向导数与梯度.

§3.1 数量场的等值面

在许多科学、实际问题中，常常需要考虑某种物理量（如温度、密度、力、电场等）在空间的分布和变化规律，为了揭示和探索这些规律，在物理学中抽象出了场的概念.

如果在全部空间或部分空间里的每一点，都对应着某个物理量的一个确定的值，就说在这个空间里确定了该物理量的一个**场**. 如果这个物理量是数量，则称这个场为**数量场**；如果这个物理量是矢量，则称这个场为**矢量场（向量场）**.

例如，空间某物体上各点的温度确定了该物体所在空间的一个温度场；质点在某空间区域内受到重力的作用，在不同的点具有不同的势能，确定了该区域的一个势能场，这些场都为数量场. 质点在空间各点所受的力确定了该区域内的一个力场；空间某区域内流体在各点流动的速度确定一个速度场；加速度确定一个加速度场，这些场都为矢量场.

若场中某物理量在各点处的对应值不随时间的变化而变化，则称该场为**稳定场**；否则，称为**不稳定场**. 本书主要讨论稳定的数量场和矢量场. 其结果也适用于不稳定场的每一瞬间情况.

注意：场的概念是由物理学中抽象而来，是物理的客观实在，因此，它不以坐标系的选取而变化. 当然，选取不同的坐标系，场会有不同的外部表象. 本章主要讨论以 $Oxyz$ 空间直角坐标系表示的空间场或 Oxy 平面直角坐标系表示的平面场.

考察数量场中数量在场中的宏观分布情况主要由等值面来描述. 由数量场的定义可知，分布在数量场中的各点 M，都对应着一个数量 u，如图 3-1-1 所示. 当取定了 $Oxyz$ 空间直角坐标系后，数量场实质上对应一个空间数性函数，即

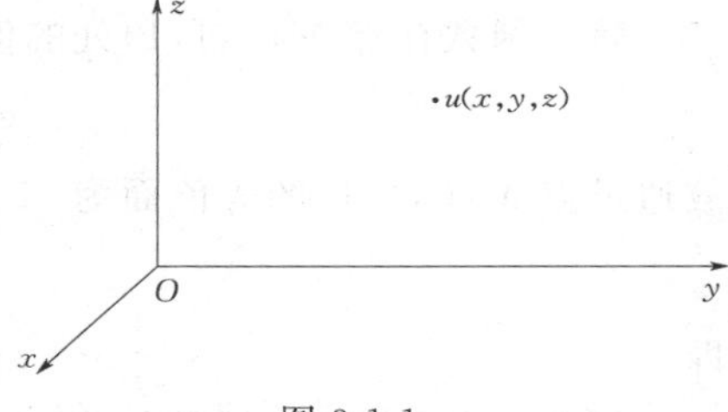

图 3-1-1

$$u=u(x,y,z) \quad \text{或} \quad u=u(M). \tag{3.1.1}$$

同理，当取定了 Oxy 平面直角坐标系后，数量场实质上对应一个平面上的数性函数，即

$$u=u(x,y) \quad \text{或} \quad u=u(M). \tag{3.1.2}$$

以后总假定数性函数 u 单值、连续且有一阶连续偏导数，这符合大多数物理中所遇到的实际情况.

定义 3.1.1 在场中使得数量 u 取得相同数值的点所组成的曲面(线)称为**等值面(线)**.

例如，温度场中由温度相同的点组成的等值面为等温面，电位场中由电位相同的点组成的等值面为等位面，还有地理中的等高面、等压面等.

由定义 3.1.1，显然在 $Oxyz$ 直角坐标系下数量 $u(x,y,z)$ 的等值面方程为

$$u=u(x,y,z)=c \quad (c\text{ 为常数}). \tag{3.1.3}$$

当 c 为不同的数值时，对应不同的等值面，如图 3-1-2 所示. 由于数量 u 是单值函数，所以不同的等值面互不相交，即对数量场中的每一点 M_0 只能在一个等值面上.

同理，在 Oxy 直角坐标系下数量 $u(x,y)$ 的等值线方程为

$$u=u(x,y)=c. \tag{3.1.4}$$

地形图上的等高线，如图 3-1-3 所示，地面气象图上的等温线、等压线，电位场中的等位线等都是平面数量场等值线的例子.

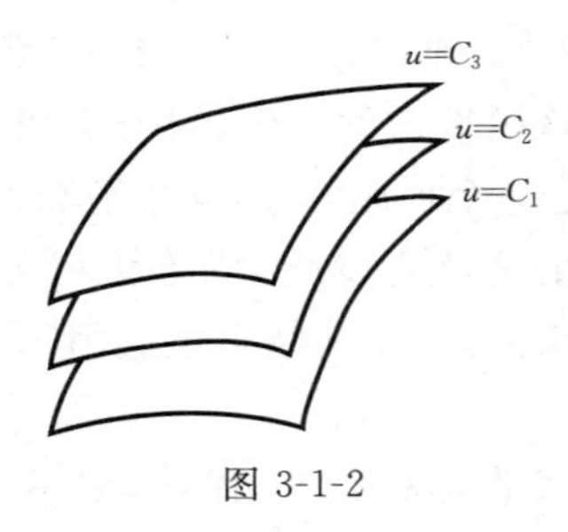

图 3-1-2

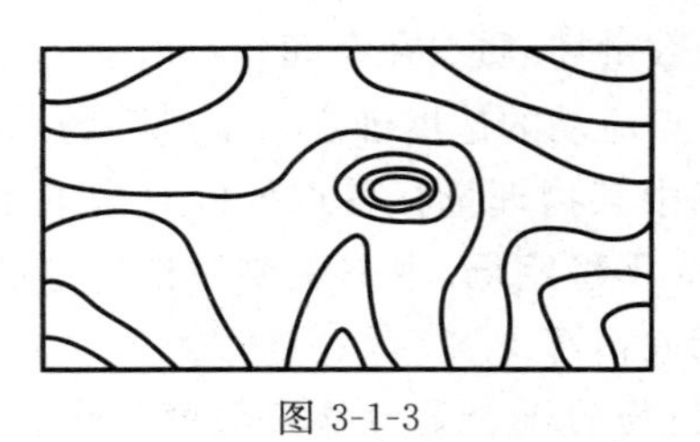
图 3-1-3

例 1 求数量场 $u=e^{x^2+y^2+z^2}$ 通过点 $M(0,1,1)$ 的等值面.

解 函数在点 $M(0,1,1)$ 处的值为

$$e^{x^2+y^2+z^2}\big|_M=e^2,$$

故通过点 $M(0,1,1)$ 的等值面为

$$e^{x^2+y^2+z^2}=e^2,$$

即

$$x^2+y^2+z^2=2.$$

例 2 求三维静电场的等位面.

解　设点电荷 Q 位于空间直角坐标系 $Oxyz$ 的原点 O，它的静电位 u 可以写为

$$u=u(x,y,z)=\frac{Q}{4\pi\varepsilon r}. \tag{3.1.5}$$

它是一个数性函数，其中

$$r=\sqrt{x^2+y^2+z^2}.$$

等位面为

$$u=\frac{Q}{4\pi\varepsilon r}=G,$$

即

$$r=\frac{Q}{4\pi\varepsilon G},$$

此时，等位面方程可写为

$$r^2=x^2+y^2+z^2=C,\quad C=\left(\frac{Q}{4\pi\varepsilon G}\right)^2,$$

即静电场的等位面是一个以原点 O 为球心的球面，如图 3-1-4 所示.

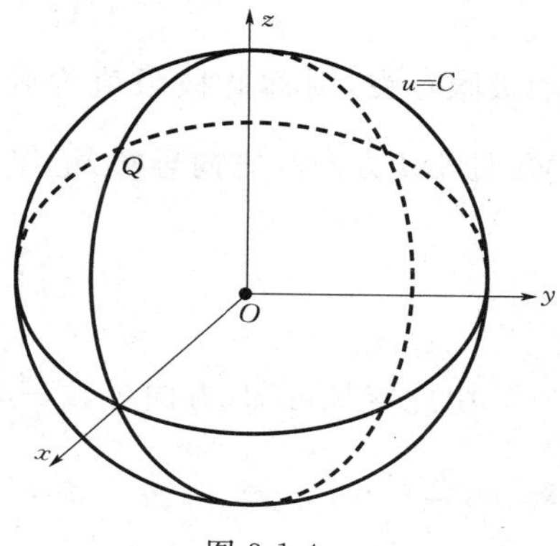

图 3-1-4

习题 3.1

1. 求下列函数的等值面.

(1) $u=\dfrac{1}{x+y+z+1}$；　　(2) $u=\ln(x^2+y^2+z^2)$.

2. 画出数量场 $u=x^2-y$ 过点 $(0,0)$，$(-1,0)$，$(2,0)$ 的等值线.

3. 求数量场 $u=\dfrac{z}{\sqrt{x^2+y^2}}$ 经过点 $M(-3,4,10)$ 的等值面方程.

§3.2　方向导数和梯度

数量场的等值面或等值线是从宏观状态描述数量 u 在场中的分布情况，这只是对数量在场中总的分布的一种整体性的了解，而实际问题中还需要考虑数量 u 在场中局部的变化特征，主要由本节的方向导数和梯度来描述.

3.2.1　方向导数

1. 沿射线方向的方向导数

定义 3.2.1　设 M_0 为数量场 $u=u(M)$ 中的一点，从点 M_0 出发引一条射线 $\boldsymbol{l}$，在 $\boldsymbol{l}$

上点 M_0 的邻近取一动点 M，记 $\overline{M_0M}=\rho$，如图 3-2-1 所示，若当 $M\to M_0$ 时的比式

$$\frac{\Delta u}{\rho}=\frac{u(M)-u(M_0)}{\overline{MM_0}}$$

的极限存在，则称此极限值为函数 $u=u(M)$ 在点 M_0 处沿 $\boldsymbol{l}$ 方向的**方向导数**，记作 $\left.\frac{\partial u}{\partial l}\right|_{M_0}$，即

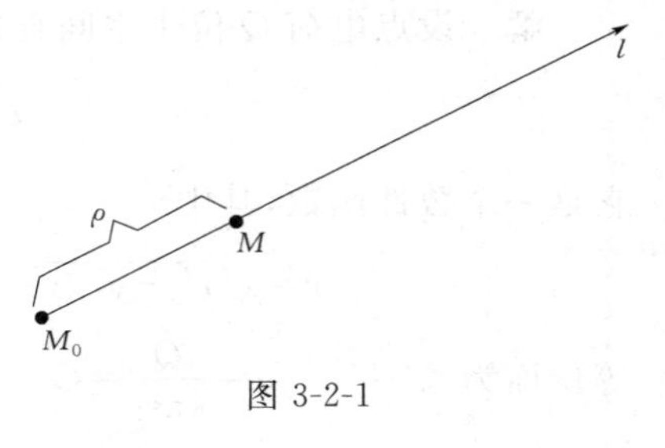

图 3-2-1

$$\left.\frac{\partial u}{\partial l}\right|_{M_0}=\lim_{M\to M_0}\frac{u(M)-u(M_0)}{\overline{MM_0}}. \tag{3.2.1}$$

由此定义可知，方向导数 $\left.\frac{\partial u}{\partial l}\right|_{M_0}$ 是函数 $u(M)$ 在点 M_0 处沿方向 $\boldsymbol{l}$ 对距离的变化率，当 $\left.\frac{\partial u}{\partial l}\right|_{M_0}>0$ 时，函数 u 沿 $\boldsymbol{l}$ 方向增加；当 $\left.\frac{\partial u}{\partial l}\right|_{M_0}<0$ 时，函数 u 沿 $\boldsymbol{l}$ 方向减少；当 $\left.\frac{\partial u}{\partial l}\right|_{M_0}=0$ 时，$\boldsymbol{l}$ 在 u 的等值面(线)上.

在空间直角坐标系 $Oxyz$ 下，方向导数有如下定理给出的计算公式.

定理 3.2.1 若数量场 $u=u(x,y,z)$ 在点 $M_0(x_0,y_0,z_0)$ 处可微，则 u 在 M_0 处沿 $\boldsymbol{l}$ 方向的方向导数必存在，且有

$$\left.\frac{\partial u}{\partial l}\right|_{M_0}=\frac{\partial u}{\partial x}\cos\alpha+\frac{\partial u}{\partial y}\cos\beta+\frac{\partial u}{\partial z}\cos\gamma, \tag{3.2.2}$$

其中，$\frac{\partial u}{\partial x},\frac{\partial u}{\partial y},\frac{\partial u}{\partial z}$ 是 $u(x,y,z)$ 在点 M_0 处的偏导数，$\cos\alpha,\cos\beta,\cos\gamma$ 为 $\boldsymbol{l}$ 的方向余弦.

证明 如图 3-2-1 所示，设动点 M 的坐标为 $M(x_0+\Delta x,y_0+\Delta y,z_0+\Delta z)$. 因 u 在点 M_0 可微，故有

$$\begin{aligned}\Delta u&=u(M)-u(M_0)\\&=\frac{\partial u}{\partial x}\Delta x+\frac{\partial u}{\partial y}\Delta y+\frac{\partial u}{\partial z}\Delta z+\omega\rho,\end{aligned}$$

其中，ω 为 $\rho\to 0$ 时的无穷小. 将上式两端同时除以 ρ，得

$$\frac{\Delta u}{\rho}=\frac{\partial u}{\partial x}\frac{\Delta x}{\rho}+\frac{\partial u}{\partial y}\frac{\Delta y}{\rho}+\frac{\partial u}{\partial z}\frac{\Delta z}{\rho}+\omega,$$

即

$$\frac{\Delta u}{\rho}=\frac{\partial u}{\partial x}\cos\alpha+\frac{\partial u}{\partial y}\cos\beta+\frac{\partial u}{\partial z}\cos\gamma+\omega,$$

令 $\rho\to 0$ 取极限即可得到式(3.2.2).

例 1 在坐标原点 O 放置一点电荷 Q，研究电位函数 $u(x,y,z)$ 在点 $M_0(0,1,1)$

沿 $\boldsymbol{l}=\boldsymbol{i}+2\boldsymbol{j}+2\boldsymbol{k}$ 方向的方向导数$\frac{\partial u}{\partial l}$.

解　点电荷 Q 的电位 $u(x,y,z)$ 构成的数量场为

$$u=u(x,y,z)=\frac{Q}{4\pi\varepsilon r},$$

其中,$r=\sqrt{x^2+y^2+z^2}$,显然,有

$$\cos\alpha=\frac{1}{3},\quad \cos\beta=\frac{2}{3},\quad \cos\gamma=\frac{2}{3},$$

$$\left.\frac{\partial u}{\partial x}\right|_{M_0}=\frac{Q}{4\pi\varepsilon}\left[-x\cdot(x^2+y^2+z^2)^{-\frac{3}{2}}\right]\Big|_{M_0}=0,$$

$$\left.\frac{\partial u}{\partial y}\right|_{M_0}=\frac{Q}{4\pi\varepsilon}\left[-y\cdot(x^2+y^2+z^2)^{-\frac{3}{2}}\right]\Big|_{M_0}=\frac{Q}{4\pi\varepsilon}\cdot\left(-\frac{1}{2\sqrt{2}}\right),$$

$$\left.\frac{\partial u}{\partial z}\right|_{M_0}=\frac{Q}{4\pi\varepsilon}\left[-z\cdot(x^2+y^2+z^2)^{-\frac{3}{2}}\right]\Big|_{M_0}=\frac{Q}{4\pi\varepsilon}\cdot\left(-\frac{1}{2\sqrt{2}}\right),$$

由式(3.2.2),得

$$\frac{\partial u}{\partial l}=\frac{\partial u}{\partial x}\cos\alpha+\frac{\partial u}{\partial y}\cos\beta+\frac{\partial u}{\partial z}\cos\gamma$$

$$=\frac{Q}{4\pi\varepsilon}\cdot\left(0\cdot\frac{1}{3}-\frac{1}{2\sqrt{2}}\cdot\frac{2}{3}-\frac{1}{2\sqrt{2}}\cdot\frac{2}{3}\right)=-\frac{\sqrt{2}Q}{12\pi\varepsilon}.$$

2. 沿曲线方向的方向导数

定义 3.2.2　若在有向曲线 C 上取一点 M,沿 C 之正向取一点 M_1,记弧长$\widehat{MM_1}=\Delta s$,如图 3-2-2 所示,若当 $M_1\to M$ 时

$$\frac{\Delta u}{\Delta s}=\frac{u(M)-u(M_0)}{\widehat{MM_1}}$$

的极限存在,则称此极限值为函数 u 在点 M 处沿曲线 C(正向)的**方向导数**. 记作$\left.\frac{\partial u}{\partial s}\right|_M$,即

$$\left.\frac{\partial u}{\partial s}\right|_M=\lim_{M_1\to M}\frac{u(M_1)-u(M)}{\widehat{MM_1}}.\qquad(3.2.3)$$

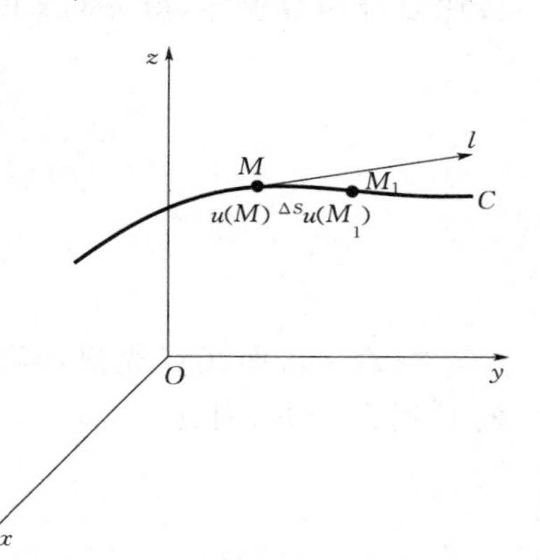

图 3-2-2

定理 3.2.2　若有向曲线 C 光滑,函数 u 在点 M 处可微,则有

$$\frac{\partial u}{\partial s}=\frac{\mathrm{d}u}{\mathrm{d}s}.\qquad(3.2.4)$$

证明　由于光滑曲线弧是可求长的,所以定理中的曲线 C 的参数方程,可用其弧

长 s 作为参数写成

$$x=x(s),\quad y=y(s),\quad z=z(s),$$

由于沿曲线 C 函数 $u=u[x(s),y(s),z(s)]$ 在点 M 处可微，故全导数 $\frac{\mathrm{d}u}{\mathrm{d}s}$ 存在，即

$$\frac{\mathrm{d}u}{\mathrm{d}s}=\lim_{\Delta s\to 0}\frac{\Delta u}{\Delta s},$$

而由定义 3.2.2，$\frac{\partial u}{\partial s}$ 实际上是一个右极限

$$\frac{\partial u}{\partial s}=\lim_{\Delta s\to 0^+}\frac{\Delta u}{\Delta s},$$

故有 $\frac{\partial u}{\partial s}=\frac{\mathrm{d}u}{\mathrm{d}s}$.

定理 3.2.3 若曲线 C 光滑，函数 u 在点 M 处可微，在点 M 处沿 C 之正向做一个与 C 相切的射线 $\boldsymbol{l}$，如图 3-2-2 所示，则函数 u 在点 M 处沿 $\boldsymbol{l}$ 方向的方向导数等于函数 u 对弧长 s 的导数，即

$$\frac{\partial u}{\partial l}=\frac{\mathrm{d}u}{\mathrm{d}s}. \tag{3.2.5}$$

证明 在光滑曲线 C 上，函数 u 在点 M 处可微，曲线 C 的参数方程为

$$x=x(s),\quad y=y(s),\quad z=z(s),$$

按照复合函数求导，得 u 对 s 的全导数为

$$\begin{aligned}\frac{\mathrm{d}u}{\mathrm{d}s}&=\frac{\partial u}{\partial x}\frac{\mathrm{d}x}{\mathrm{d}s}+\frac{\partial u}{\partial y}\frac{\mathrm{d}y}{\mathrm{d}s}+\frac{\partial u}{\partial z}\frac{\mathrm{d}z}{\mathrm{d}s}\\&=\frac{\partial u}{\partial x}\cos\alpha+\frac{\partial u}{\partial y}\cos\beta+\frac{\partial u}{\partial z}\cos\gamma\\&=\frac{\partial u}{\partial l}.\end{aligned}$$

推论 若曲线 C 光滑，函数 u 在点 M 处可微，l 为曲线 C 在该点处的切线并且指向 C 增大一方，则有

$$\left.\frac{\partial u}{\partial s}\right|_M=\left.\frac{\partial u}{\partial l}\right|_M. \tag{3.2.6}$$

推论说明，函数 u 在点 M 处沿曲线 C（正向）的方向导数与函数 u 在点 M 处沿该曲线切线方向（指向 C 的正向一侧）的方向导数相等.

例 2 求数量场 $u=x^2y+y^2+yz$ 在点 $M(1,2,1)$ 处沿曲线 $x=t,y=2t,z=t^2$ 朝 t 增大一方的方向导数.

解 由推论，所求方向导数等于函数 u 在点 M 处沿曲线切线正向的方向导数. 由题意知，曲线上点 M 对应的参数为 $t=1$，所以曲线在点 M 处切线的方向数为

$$\left.\frac{\mathrm{d}x}{\mathrm{d}t}\right|_M=1,\quad \left.\frac{\mathrm{d}y}{\mathrm{d}t}\right|_M=2,\quad \left.\frac{\mathrm{d}z}{\mathrm{d}t}\right|_M=2,$$

从而 u 在点 M 处沿曲线切线方向的方向余弦为

$$\cos\alpha=\frac{1}{3},\quad \cos\beta=\frac{2}{3},\quad \cos\gamma=\frac{2}{3},$$

又

$$\left.\frac{\partial u}{\partial x}\right|_M=2xy|_M=4,$$

$$\left.\frac{\partial u}{\partial y}\right|_M=(x^2+2y+z)|_M=6,$$

$$\left.\frac{\partial u}{\partial z}\right|_M=y|_M=2,$$

故所求方向导数为

$$\begin{aligned}\left.\frac{\partial u}{\partial s}\right|_M&=\frac{\partial u}{\partial x}\cos\alpha+\frac{\partial u}{\partial y}\cos\beta+\frac{\partial u}{\partial z}\cos\gamma\\&=4\cdot\frac{1}{3}+6\cdot\frac{2}{3}+2\cdot\frac{2}{3}\\&=\frac{20}{3}.\end{aligned}$$

例 3　求数量场 $u=x^2-xy+y^2$ 在点 $M(1,1)$处沿方向 $\boldsymbol{l}=(\cos\alpha,\sin\alpha)(-\pi<\alpha<\pi)$ 的方向导数,并求在哪个方向上,方向导数有最大值.

解　由于

$$\left.\frac{\partial u}{\partial x}\right|_M=1,\quad \left.\frac{\partial u}{\partial y}\right|_M=1,$$

故

$$\left.\frac{\partial u}{\partial l}\right|_M=\cos\alpha+\sin\alpha,$$

令

$$f(\alpha)=\cos\alpha+\sin\alpha,$$

则

$$f'(\alpha)=-\sin\alpha+\cos\alpha,\quad f''(\alpha)=-\cos\alpha-\sin\alpha,$$

令 $f'(\alpha)=0$,得 $\alpha_1=\frac{\pi}{4}$,$\alpha_2=-\frac{3\pi}{4}$,又 $f''(\alpha_1)=-\sqrt{2}<0$,$f''(\alpha_2)=\sqrt{2}>0$,从而当 $\alpha_1=\frac{\pi}{4}$ 时,即沿着 $\boldsymbol{l}=\left(\frac{\sqrt{2}}{2},\frac{\sqrt{2}}{2}\right)$方向时,$\left.\frac{\partial u}{\partial l}\right|_M$ 取得最大值.

方向导数研究了函数 $u(M)$在给定点处沿各个方向的变化率问题.但是从场中给定点出发,有无穷个多个方向,那么函数 $u(M)$到底沿其中的哪个方向的变化率最大呢?这个最大的变化率又是多少?为了解决这个问题,我们引入梯度这个概念.

3.2.2　梯度

1. 梯度的定义

根据式(3.2.2),可将 u 在点 M_0 处沿 l 方向的方向导数公式表达成两个矢量点

积的形式，即

$$\frac{\partial u}{\partial l}=\left(\frac{\partial u}{\partial x},\frac{\partial u}{\partial y},\frac{\partial u}{\partial z}\right)\cdot(\cos\alpha,\cos\beta,\cos\gamma),$$

其中，$\cos\alpha,\cos\beta,\cos\gamma$ 为 $\boldsymbol{l}$ 方向的方向余弦，也是 $\boldsymbol{l}$ 方向的单位矢量的坐标，即

$$\boldsymbol{l}^0=(\cos\alpha,\cos\beta,\cos\gamma),$$

取 $\left(\frac{\partial u}{\partial x},\frac{\partial u}{\partial y},\frac{\partial u}{\partial z}\right)=\boldsymbol{G}$，显然 $\boldsymbol{G}$ 在给定点 M_0 处是一个固定矢量. 则式(3.2.2)可写为

$$\frac{\partial u}{\partial l}=\boldsymbol{G}\cdot\boldsymbol{l}^0=|\boldsymbol{G}|\cos(\boldsymbol{G},\boldsymbol{l}^0)=\mathrm{Prj}_l\boldsymbol{G}. \qquad (3.2.7)$$

此式表明，函数 u 沿 $\boldsymbol{l}$ 方向上的方向导数正好等于 $\boldsymbol{G}$ 在该方向上的投影. 如图 3-2-3 所示，当 $\boldsymbol{G}$ 与 $\boldsymbol{l}$ 方向一致时，有

$$\cos(\boldsymbol{G},\boldsymbol{l}^0)=1,$$

此时，方向导数取得最大值，且最大值为

$$\frac{\partial u}{\partial l}=|\boldsymbol{G}|. \qquad (3.2.8)$$

我们把 $\boldsymbol{G}$ 称为 $u(M)$ 在给定点处的梯度.

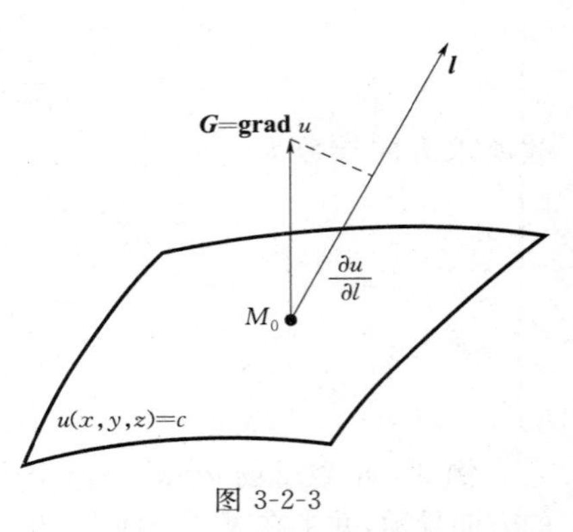

图 3-2-3

定义 3.2.3 若在数量场 $u(M)$ 中点 M 处存在这样一个矢量 $\boldsymbol{G}$，其方向为 $u(M)$ 在点 M 处变化率最大的方向，其模正好为这个最大变化率的数值，则称矢量 $\boldsymbol{G}$ 为函数 $u(M)$ 在点 M 处的**梯度**，记作

$$\mathbf{grad}\,u=\boldsymbol{G}.$$

注意：(1)梯度是一个矢量，是数量场 u 在点 M 处的固有特性，由 u 的分布所决定，与坐标系无关，在直角坐标系 $Oxyz$ 下的计算公式为

$$\mathbf{grad}\,u=\left(\frac{\partial u}{\partial x},\frac{\partial u}{\partial y},\frac{\partial u}{\partial z}\right)=\frac{\partial u}{\partial x}\boldsymbol{i}+\frac{\partial u}{\partial y}\boldsymbol{j}+\frac{\partial u}{\partial z}\boldsymbol{k}. \qquad (3.2.9)$$

(2)沿梯度方向的数量场的变化率是最快的，这也是梯度的物理意义.

2. 梯度的性质

梯度具有下面重要性质：

数量场 $u(M)$ 在每点 M 处梯度的方向都垂直于过该点的等值面，且指向函数 $u(M)$ 增大的方向，如图 3-2-4 所示.

这是因为过点 M 的等值面方程为 $u(x,y,z)=C$，而在点 M 处梯度的坐标 $\frac{\partial u}{\partial x},\frac{\partial u}{\partial y},\frac{\partial u}{\partial z}$ 正好为

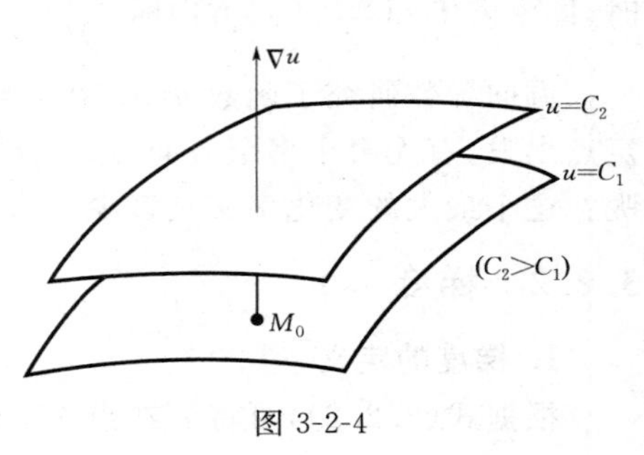

图 3-2-4

等值面方程的法线方向数，即梯度是此等值面的一个法矢量，故垂直于此等值面.

另外，函数 $u(M)$ 沿梯度方向的方向导数 $\frac{\partial u}{\partial l}=|\boldsymbol{G}|>0$，说明函数 $u(M)$ 沿梯度方向是增大的，即梯度指向函数 $u(M)$ 增大的方向.

如果把数量场中的每一点的梯度与场中之点一一对应起来，就得到一个矢量场，称为由此数量场所产生的**梯度场**.

例 4　求数量场 $u=x^2y+y^2z$ 在点 $M(1,0,1)$ 处的梯度及沿矢量 $\boldsymbol{l}=i+2j-k$ 的方向的方向导数.

解　由于

$$\mathbf{grad}\,u=\left(\frac{\partial u}{\partial x},\frac{\partial u}{\partial y},\frac{\partial u}{\partial z}\right)=(2xy,x^2+2yz,y^2),$$

故

$$\mathbf{grad}\,u\,|_M=(0,1,0),$$

$\boldsymbol{l}$ 方向的单位矢量为

$$\boldsymbol{l}^0=\frac{\boldsymbol{l}}{|\boldsymbol{l}|}=\left(\frac{1}{\sqrt{6}},\frac{2}{\sqrt{6}},\frac{-1}{\sqrt{6}}\right),$$

记

$$\boldsymbol{G}=\mathbf{grad}\,u\,\Big|_M,$$

则

$$\begin{aligned}\frac{\partial u}{\partial l}\Big|_M&=\mathrm{Prj}_l\boldsymbol{G}=\boldsymbol{G}\cdot\boldsymbol{l}^0\\&=0+1\cdot\frac{2}{\sqrt{6}}+0\\&=\frac{2}{\sqrt{6}}=\frac{\sqrt{6}}{3}.\end{aligned}$$

例 5　求曲面 $x^2+2y^2+3z^2=36$ 在点 $M(1,2,3)$ 处的切平面及法线方程.

解　所给曲面可视为数量场 $u=x^2+2y^2+3z^2$，当 u 取值为 36 时的一张等值面，由梯度的性质可知，数量场 u 在点 M 的梯度可视为曲面在该点的法向量.

数量场 u 在点 M 的梯度为

$$\mathbf{grad}\,u\,|_M=(2x,4y,6z)\,|_M=(2,8,18),$$

故曲面在点 $M(1,2,3)$ 处的切平面为

$$2(x-1)+8(y-2)+18(z-3)=0,$$

即

$$x+4y+9z-36=0,$$

所求法线方程为

$$\frac{x-1}{1}=\frac{y-2}{4}=\frac{z-3}{9}.$$

例 6　设有位于坐标原点的点电荷 Q，在空间任意一点 $M(x,y,z)$ 处产生的电位为数量场 $u(x,y,z)=\frac{Q}{4\pi\varepsilon r}$，其中，$\boldsymbol{r}=x\boldsymbol{i}+y\boldsymbol{j}+z\boldsymbol{k}$，$r=|\boldsymbol{r}|$，试求电位 u 的梯度.

解 因为

$$u_x=\frac{Q}{4\pi\varepsilon}\left[-x\cdot(x^2+y^2+z^2)^{-\frac{3}{2}}\right],$$

$$u_y=\frac{Q}{4\pi\varepsilon}\left[-y\cdot(x^2+y^2+z^2)^{-\frac{3}{2}}\right],$$

$$u_z=\frac{Q}{4\pi\varepsilon}\left[-z\cdot(x^2+y^2+z^2)^{-\frac{3}{2}}\right],$$

故

$$\begin{aligned}\mathbf{grad}\,u&=\left(\frac{Q}{4\pi\varepsilon}\left[-x\cdot(x^2+y^2+z^2)^{-\frac{3}{2}}\right],\frac{Q}{4\pi\varepsilon}\left[-y\cdot(x^2+y^2+z^2)^{-\frac{3}{2}}\right],\right.\\&\qquad\left.\frac{Q}{4\pi\varepsilon}\left[-z\cdot(x^2+y^2+z^2)^{-\frac{3}{2}}\right]\right)\\&=-\frac{Q}{4\pi\varepsilon}\left(\frac{x}{r^3},\frac{y}{r^3},\frac{z}{r^3}\right)\\&=-\frac{Q\boldsymbol{r}}{4\pi\varepsilon r^3}.\end{aligned}$$

3. 梯度运算的基本公式

由梯度的定义知求梯度即计算数量场的偏导数,因此有如下类似于求导公式运算法则,计算梯度的运算公式:

(1) $\mathbf{grad}\,c=\mathbf{0}$($c$ 为常数);

(2) $\mathbf{grad}(cu)=c\,\mathbf{grad}$($c$ 为常数);

(3) $\mathbf{grad}(u\pm v)=\mathbf{grad}\,u\pm\mathbf{grad}\,v$;

(4) $\mathbf{grad}(uv)=u\,\mathbf{grad}\,v+v\,\mathbf{grad}\,u$;

(5) $\mathbf{grad}\left(\frac{u}{v}\right)=\frac{1}{v^2}(v\,\mathbf{grad}\,u-u\,\mathbf{grad}\,v)$;

(6) $\mathbf{grad}\,f(u)=f'(u)\,\mathbf{grad}\,u$;

(7) $\mathbf{grad}\,f(u,v)=\frac{\partial f}{\partial u}\mathbf{grad}\,u+\frac{\partial f}{\partial v}\mathbf{grad}\,v$.

4. 梯度的应用

例 7 证明点电荷 Q 的电场 $\boldsymbol{E}$ 和电位 u 构成负梯度关系.

解 由例 6 可知,点电荷 Q 的电位 $u(x,y,z)$ 构成的数量场为

$$u(x,y,z)=\frac{Q}{4\pi\varepsilon r},$$

其梯度为

$$\mathbf{grad}\,u=-\frac{Q\boldsymbol{r}}{4\pi\varepsilon r^3},$$

而电场 $\boldsymbol{E}$ 已知，为

$$\boldsymbol{E}=\frac{Q\boldsymbol{r}}{4\pi\varepsilon r^3},$$

即有

$$\boldsymbol{E}=-\textbf{grad}\,u.$$

这个结论说明，电场强度垂直于等位面，并指向电位 u 减小的一方.

例 8　证明在数量场 $u=ax+by+cz+d$（其中 a,b,c,d 为常数）中，$\textbf{grad}\,u$ 为常矢的充分必要条件是 u 为线性函数.

证明　充分性.

若 u 为线性函数

$$u=ax+by+cz+d,$$

则

$$\textbf{grad}\,u=(a,b,c)=a\boldsymbol{i}+b\boldsymbol{j}+c\boldsymbol{k},$$

即 $\textbf{grad}\,u$ 为常矢.

必要性.

若 $\textbf{grad}\,u$ 为常矢，不妨设

$$\textbf{grad}\,u=a\boldsymbol{i}+b\boldsymbol{j}+c\boldsymbol{k},$$

从而

$$u_x=a,\quad u_y=b,\quad u_z=c,$$

积分得

$$u=ax+by+cz+d.$$

读者还可以类似地证明，在数量场 $u=u(M)$ 中 $\textbf{grad}\,u\equiv\mathbf{0}$ 的充要条件是 $u=c$（其中 c 为常数）.

习　题　3.2

1. 求函数 $z=x^2-y^2$ 在点 $(2,1)$ 处沿从点 $(2,1)$ 到点 $(2+\sqrt{3},2)$ 的方向的方向导数.

2. 求函数 $u=xy^2+z^3-xyz$ 在点 $M(1,1,-2)$ 处沿方向角为 $\alpha=\frac{\pi}{3},\beta=\frac{\pi}{3},\gamma=\frac{\pi}{4}$ 的方向的方向导数.

3. 求函数 $u=3x^2+z^2-2yz+2xy$ 在点 $M(1,-2,3)$ 处沿 $\boldsymbol{l}=(6,3,2)$ 的方向的方向导数.

4. 求函数 $u=3x^2y-xz+y^2$ 在点 $M(1,-1,1)$ 处沿曲线 $x=t,y=-t^2,z=t^3$ 朝 t 增大一方的方向导数.

5. 设 $\boldsymbol{l}$ 是曲面 $x^2+2y^2+3z^2=6$ 在点 $M(1,-1,1)$ 处由内部指向外部的法向量，求函数 $u=x^2+y^2-3z$ 在点 M 处沿 $\boldsymbol{l}$ 的方向导数.

6. 求 $\textbf{grad}\,\sqrt{x^2+y^2+z^2}$.

7. 设 $u=x^2+2y^2+3z^2+xy+3x-2y-6z$，求：

(1)在点 $M(1,1,1)$处的梯度；

(2)在点 $M(1,1,1)$处沿 $\boldsymbol{l}=(2,2,1)$处的方向导数；

(3)在点 $M(1,1,1)$处方向导数的最大值.

8. 问函数 $u=xy^2z$ 在点 $P(1,-1,2)$处沿什么方向的方向导数最大，并求此方向导数的最大值.

9. 求常数 a,b,c 的值，使函数 $u=axy^2+byz+cx^3z^2$ 在点 $M(-1,2,1)$处沿平行于 x 轴正方向上的方向导数取得最大值 16.

10. 求曲面 $2xz^2-3xy-4x=7$ 在其上点 $M(1,-1,2)$处的切平面方程.

11. 求数量场 $u=x^2+y^2-3z$ 在点 $M(1,-1,2)$处的切平面和法线方程.

第4章 矢量场

当一个物理量具有大小和方向两个要素时，该物理量需要用一个矢量表示，物理量在空间的分布便形成一个矢量场，如物理学中的力场、电磁场，流体力学中的流速场等都属于矢量场，为了方便研究这些矢量场，本章给出矢量线、通量和散度、环量和旋度的概念及其求法，并给出三种常见的矢量场.

§4.1 矢性函数

场是本章的研究对象和最重要的概念，是场论的基础知识，同时也是研究其他许多学科的有用工具. 本节主要介绍矢性函数的的极限、连续、导数、微分、积分等内容.

4.1.1 常矢和变矢

一个只用大小描述的物理量是**数量**或**标量**，而既有大小又有方向特性的物理量称为**矢量**或**向量**，常用黑体字母或带箭头的字母表示.

定义 4.1.1 称模和方向都保持不变的矢量为**常矢**. 规定零矢量的方向为任意的，可作为一个特殊的常矢量.

在实际问题中，常常会遇到模和方向之一发生变化的矢量，这样的矢量称为**变矢**. 例如，质点 M 沿曲线 l 运动，其力 $\boldsymbol{F}$ 和速度 $\boldsymbol{v}$ 都是变矢，参看图 4-1-1.

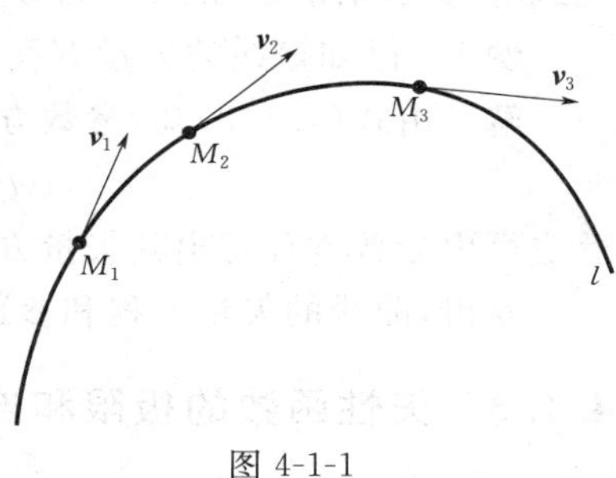

图 4-1-1

本章主要研究变矢. 另外，变矢的四则运算、点积、叉积等运算法则与常矢的完全类似.

4.1.2 矢性函数的定义

定义 4.1.2 设有数性变量 t 和变矢 $\boldsymbol{A}$，若对于 t 在某个范围内的每一个数值，都有一个确定的矢量 $\boldsymbol{A}$ 与之相对应，即

$$\boldsymbol{A}=\boldsymbol{A}(t),$$

则称 $\boldsymbol{A}$ 为数性变量 t 的**矢性函数**.

矢性函数 $\boldsymbol{A}(t)$ 在 $Oxyz$ 直角坐标系中的三个坐标（即它在三个坐标轴上的投影）

都是 t 的函数，设为

$$A_x(t), A_y(t), A_z(t), \tag{4.1.1}$$

因此，矢性函数 $\boldsymbol{A}(t)$ 的坐标表达式为

$$\boldsymbol{A}=A_x(t)\boldsymbol{i}+A_y(t)\boldsymbol{j}+A_z(t)\boldsymbol{k}, \tag{4.1.2}$$

其中，$\boldsymbol{i},\boldsymbol{j},\boldsymbol{k}$ 为沿 x,y,z 三个坐标轴正向的单位矢量.

易知，一个矢性函数与三个有序的数性函数（坐标）构成一一对应的关系.

定义 4.1.3 把 $\boldsymbol{A}(t)$ 的起点取在坐标原点，当 t 变化时，矢量 $\boldsymbol{A}(t)$ 的终点 $\boldsymbol{M}$ 就描绘出一条有向（一般取 t 增大的方向为正向）曲线 l，参看图 4-1-2. 称这条曲线为矢性函数 $\boldsymbol{A}(t)$ 的**矢端曲线**，亦叫矢性函数 $\boldsymbol{A}(t)$ 的**图形**. 同时称式(4.1.2)为此曲线的**矢量方程**.

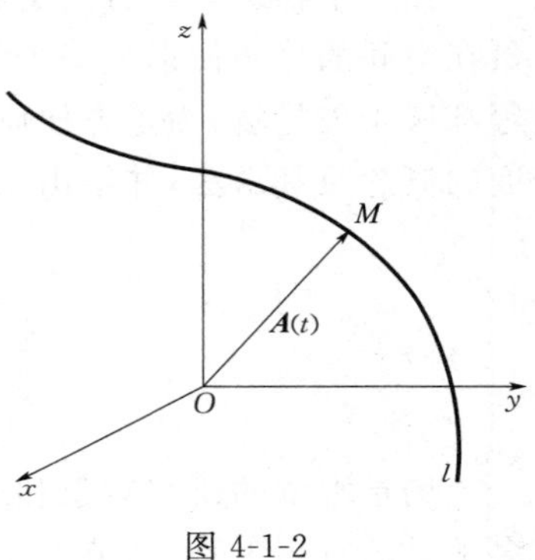

图 4-1-2

定义 4.1.4 起点在坐标原点 O，终点为 $M(x,y,z)$ 的矢量 $\overrightarrow{OM}$ 称为点 M（对于 O 点）的**矢径**，常用 $\boldsymbol{r}$ 表示：

$$\boldsymbol{r}=\overrightarrow{OM}=x\boldsymbol{i}+y\boldsymbol{j}+z\boldsymbol{k}, \tag{4.1.3}$$

或简单记为

$$\boldsymbol{r}=(x,y,z).$$

定义 4.1.5 当把 $\boldsymbol{A}(t)$ 的起点取在坐标原点时，$\boldsymbol{A}(t)$ 实际上就成为其终点 $M(x,y,z)$ 的矢径，此时，$\boldsymbol{A}(t)$ 的三个坐标 $A_x(t),A_y(t),A_z(t)$ 就对应于其终点 M 的三个坐标 x,y,z，即有

$$x=A_x(t)=|\boldsymbol{A}|\cos\alpha,\quad y=A_y(t)=|\boldsymbol{A}|\cos\beta,\quad z=A_z(t)=|\boldsymbol{A}|\cos\gamma, \tag{4.1.4}$$

此式称为矢端曲线 l 的以 t 为参数的**参数方程**，其中，α,β,γ 为 $\boldsymbol{A}(t)$ 的方向角.

例 1 已知摆线的矢量方程为 $\boldsymbol{r}=a(t-\sin t)\boldsymbol{i}+a(1-\cos t)\boldsymbol{j}$，求其参数方程.

解 由式(4.1.3)知，参数方程为

$$x=a(t-\sin t),\quad y=a(1-\cos t).$$

反之可由参数方程写出其矢量方程.

易得，曲线的矢量方程和参数方程一一对应.

4.1.3 矢性函数的极限和连续性

定义 4.1.6 设矢性函数 $\boldsymbol{A}(t)$ 在点 t_0 的某去心邻域内有定义，$\boldsymbol{A}_0$ 为一常矢，若对任意给定的正数 ε，都存在一个正数 δ，使当 t 满足 $0<|t-t_0|<\delta$ 时，总有

$$|\boldsymbol{A}(t)-\boldsymbol{A}_0|<\varepsilon$$

成立，则称 $\boldsymbol{A}_0$ 为矢性函数 $\boldsymbol{A}(t)$ 当 $t\to t_0$ 时的**极限**，记作

$$\lim_{t\to t_0}\boldsymbol{A}(t)=\boldsymbol{A}_0. \tag{4.1.5}$$

从定义 4.1.6 看出，该定义与数性函数极限的定义完全类似，因此，矢性函数的极限运算法则也类似于数性函数：

$$\lim_{t\to t_0} u(t)\boldsymbol{A}(t)=\lim_{t\to t_0} u(t)\lim_{t\to t_0}\boldsymbol{A}(t);$$

$$\lim_{t\to t_0}[\boldsymbol{A}(t)\pm\boldsymbol{B}(t)]=\lim_{t\to t_0}\boldsymbol{A}(t)\pm\lim_{t\to t_0}\boldsymbol{B}(t);$$

$$\lim_{t\to t_0}[\boldsymbol{A}(t)\cdot\boldsymbol{B}(t)]=\lim_{t\to t_0}\boldsymbol{A}(t)\cdot\lim_{t\to t_0}\boldsymbol{B}(t);$$

$$\lim_{t\to t_0}[\boldsymbol{A}(t)\times\boldsymbol{B}(t)]=\lim_{t\to t_0}\boldsymbol{A}(t)\times\lim_{t\to t_0}\boldsymbol{B}(t).$$

其中，$u(t)$是数性函数，$\boldsymbol{A}(t)$，$\boldsymbol{B}(t)$为矢性函数，且当 $t\to t_0$ 时，$u(t)$，$\boldsymbol{A}(t)$，$\boldsymbol{B}(t)$的极限均存在.

设 $\boldsymbol{A}(t)=A_x(t)\boldsymbol{i}+A_y(t)\boldsymbol{j}+A_z(t)\boldsymbol{k}$，则矢性函数的极限归结为求三个数性函数的极限，即

$$\lim_{t\to t_0}\boldsymbol{A}(t)=\lim_{t\to t_0}A_x(t)\boldsymbol{i}+\lim_{t\to t_0}A_y(t)\boldsymbol{j}+\lim_{t\to t_0}A_z(t)\boldsymbol{k}. \tag{4.1.6}$$

定义 4.1.7　设矢性函数 $\boldsymbol{A}(t)$在点 t_0 的某邻域内有定义，而且有

$$\lim_{t\to t_0}\boldsymbol{A}(t)=\boldsymbol{A}(t_0), \tag{4.1.7}$$

则称 $\boldsymbol{A}(t)$在点 t_0 处**连续**.

由式(4.1.6)和式(4.1.7)知，矢性函数 $\boldsymbol{A}(t)$在点 t_0 连续的充要条件是它的三个坐标函数 $A_x(t)$，$A_y(t)$，$A_z(t)$都在 t_0 连续.

若矢性函数 $\boldsymbol{A}(t)$在某个区间内的每一点都连续，则称它在该**区间内连续**.

4.1.4　矢性函数的导数与微分

1. 矢性函数的导数

定义 4.1.8　如图 4-1-3 所示，设矢性函数 $\boldsymbol{A}(t)$的起点在坐标原点，当数性变量 t 在其定义域内从 t 变到 $t+\Delta t$ 时，若 $\boldsymbol{A}(t)$对应于 Δt 的增量 $\Delta\boldsymbol{A}$ 与 Δt 之比

$$\frac{\Delta\boldsymbol{A}}{\Delta t}=\frac{\boldsymbol{A}(t+\Delta t)-\boldsymbol{A}(t)}{\Delta t}$$

当 $\Delta t\to 0$ 时极限存在，则称此极限为矢性函数 $\Delta\boldsymbol{A}$ 在 t 处的**导数**（简称**导矢**），记作$\frac{\mathrm{d}\boldsymbol{A}}{\mathrm{d}t}$或 $\boldsymbol{A}'(t)$，即

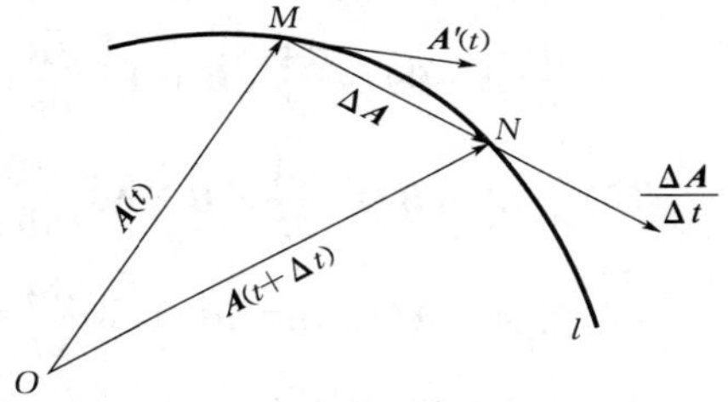

M
A'(t)
ΔA
N
ΔA/Δt
A(t)
A(t+Δt)
l
O

图 4-1-3

$$\frac{\mathrm{d}\boldsymbol{A}}{\mathrm{d}t}=\lim_{t\to t_0}\frac{\Delta\boldsymbol{A}}{\Delta t}=\lim_{t\to t_0}\frac{\boldsymbol{A}(t+\Delta t)-\boldsymbol{A}(t)}{\Delta t}, \tag{4.1.8}$$

由导数定义和极限的运算法则，求矢性函数的导数可以归结为求三个数性函数的

导数，即

$$\boldsymbol{A}'(t)=A'_x(t)\boldsymbol{i}+A'_y(t)\boldsymbol{j}+A'_z(t)\boldsymbol{k}. \tag{4.1.9}$$

例 2 已知摆线的矢量方程为 $\boldsymbol{r}=a(t-\sin t)\boldsymbol{i}+a(1-\cos t)\boldsymbol{j}$，求其导矢.

解 由式(4.1.9)知，导矢为

$$\begin{aligned}\boldsymbol{r}'&=[a(t-\sin t)]'\boldsymbol{i}+[a(1-\cos t)]'\boldsymbol{j}\\&=a(1-\cos t)\boldsymbol{i}+a\sin t\boldsymbol{j}.\end{aligned}$$

2. 导矢的几何意义

设 l 为 $\boldsymbol{A}(t)$ 的矢端曲线，$\dfrac{\Delta\boldsymbol{A}}{\Delta t}$ 是 l 割线上的一个矢量，当 $\Delta t\to 0$ 时，割线趋近于切线，因此 $\boldsymbol{A}'(t)$ 与矢端曲线相切. 当 $\Delta t>0$ 时，$\dfrac{\Delta\boldsymbol{A}}{\Delta t}$ 的指向与 $\Delta\boldsymbol{A}$ 方向一致，如图 3-1-3 所示，即指向 t 增大的一方；当 $\Delta t<0$ 时，如图 4-1-4 所示，虽然 $\Delta\boldsymbol{A}$ 指向 t 减少的一方，但 $\dfrac{\Delta\boldsymbol{A}}{\Delta t}$ 仍指向 t 增大的一方. 所以非零导矢 $\boldsymbol{A}'(t)$ 在某点 M 处的几何意义，表示矢端曲线在 M 的切向矢量，并始终指向对应 t 值增大的一方.

3. 矢性函数的求导公式

设矢性函数 $\boldsymbol{A}=\boldsymbol{A}(t)$，$\boldsymbol{B}=\boldsymbol{B}(t)$ 及数性函数 $u=u(t)$ 在 t 的某个范围内可导，则有如下求导公式：

(1) $\dfrac{\mathrm{d}}{\mathrm{d}t}\boldsymbol{C}=\boldsymbol{0}$ （$\boldsymbol{C}$ 为常矢）；

(2) $\dfrac{\mathrm{d}}{\mathrm{d}t}(\boldsymbol{A}\pm\boldsymbol{B})=\dfrac{\mathrm{d}\boldsymbol{A}}{\mathrm{d}t}\pm\dfrac{\mathrm{d}\boldsymbol{B}}{\mathrm{d}t}$；

(3) $\dfrac{\mathrm{d}}{\mathrm{d}t}(k\boldsymbol{A})=k\dfrac{\mathrm{d}\boldsymbol{A}}{\mathrm{d}t}$ （k 为常数）；

(4) $\dfrac{\mathrm{d}}{\mathrm{d}t}(u\boldsymbol{A})=\dfrac{\mathrm{d}u}{\mathrm{d}t}\boldsymbol{A}+u\dfrac{\mathrm{d}\boldsymbol{A}}{\mathrm{d}t}$；

(5) $\dfrac{\mathrm{d}}{\mathrm{d}t}(\boldsymbol{A}\cdot\boldsymbol{B})=\dfrac{\mathrm{d}\boldsymbol{A}}{\mathrm{d}t}\cdot\boldsymbol{B}+\boldsymbol{A}\cdot\dfrac{\mathrm{d}\boldsymbol{B}}{\mathrm{d}t}$；

(6) $\dfrac{\mathrm{d}}{\mathrm{d}t}(\boldsymbol{A}\times\boldsymbol{B})=\dfrac{\mathrm{d}\boldsymbol{A}}{\mathrm{d}t}\times\boldsymbol{B}+\boldsymbol{A}\times\dfrac{\mathrm{d}\boldsymbol{B}}{\mathrm{d}t}$；

(7) 若 $\boldsymbol{A}=\boldsymbol{A}(u)$，$u=u(t)$，则 $\dfrac{\mathrm{d}\boldsymbol{A}}{\mathrm{d}t}=\dfrac{\mathrm{d}\boldsymbol{A}}{\mathrm{d}u}\dfrac{\mathrm{d}u}{\mathrm{d}t}$.

4. 矢性函数的微分

定义 4.1.9 设矢性函数 $\boldsymbol{A}(t)$，称

$$\mathrm{d}\boldsymbol{A}(t)=\boldsymbol{A}'(t)\mathrm{d}t \tag{4.1.10}$$

为矢性函数 $\boldsymbol{A}(t)$ 在 t 处的**微分**.

易见，微分 $\mathrm{d}\boldsymbol{A}(t)$ 同导矢一样，也是一个矢量，而且 $\mathrm{d}\boldsymbol{A}(t)$ 在点 M 处与 $\boldsymbol{A}(t)$ 的矢端曲线 l 相切，但其指向为：当 $\mathrm{d}t>0$ 时，与 $\boldsymbol{A}'(t)$ 方向一致；当 $\mathrm{d}t<0$ 时，与 $\boldsymbol{A}'(t)$ 方向相反，如图 4-1-5 所示.

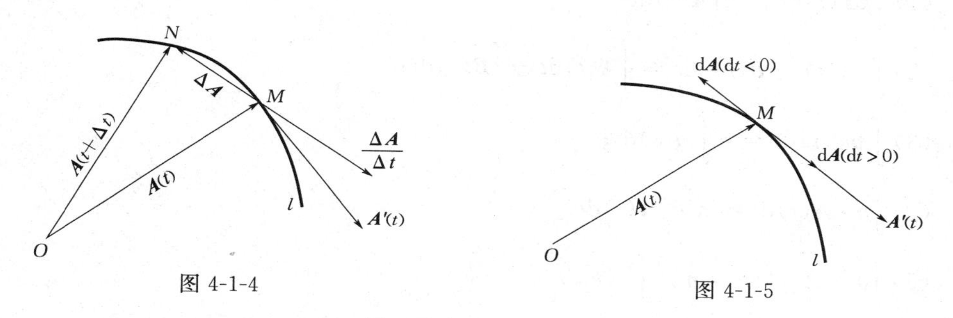

图 4-1-4　　图 4-1-5

矢性函数的微分与导数类似，可归结为求三个数性函数的微分，即

$$\mathrm{d}\boldsymbol{A}(t)=A'_x(t)\mathrm{d}t\boldsymbol{i}+A'_y(t)\mathrm{d}t\boldsymbol{j}+A'_z(t)\mathrm{d}t\boldsymbol{k}. \tag{4.1.11}$$

例 3　已知 $\boldsymbol{A}(t)=(1-\sin t)\boldsymbol{i}+\cos t\boldsymbol{j}+(1-2t)\boldsymbol{k}$，求 $\mathrm{d}\boldsymbol{A}(t)$.

解　$\boldsymbol{A}'(t)=(1-\sin t)'\boldsymbol{i}+(\cos t)'\boldsymbol{j}+(1-2t)'\boldsymbol{k}$

$=-\cos t\boldsymbol{i}-\sin t\boldsymbol{j}-2\boldsymbol{k}$.

由式(4.1.10)，$\mathrm{d}\boldsymbol{A}(t)=\boldsymbol{A}'(t)\mathrm{d}t=(-\cos t\boldsymbol{i}-\sin t\boldsymbol{j}-2\boldsymbol{k})\mathrm{d}t$.

4.1.5　矢性函数的不定积分

矢性函数的积分和数性函数的积分类似，也分为不定积分和定积分两种.

1. 矢性函数的不定积分

定义 4.1.10　设 $\boldsymbol{A}(t)$ 和 $\boldsymbol{B}(t)$ 为某个区间 I 上的两个矢性函数，若有 $\boldsymbol{A}'(t)=\boldsymbol{B}(t)$，则称 $\boldsymbol{B}(t)$ 为 $\boldsymbol{A}(t)$ 在此区间上的一个**原函数**. 显然，$\boldsymbol{A}(t)$ 的原函数有无穷多个，称 $\boldsymbol{A}(t)$ 的原函数的全体为 $\boldsymbol{A}(t)$ 在区间 I 上的**不定积分**，记作

$$\int \boldsymbol{A}(t)\mathrm{d}t. \tag{4.1.12}$$

并且各原函数之间相差一个常矢，即

$$\int \boldsymbol{A}(t)\mathrm{d}t=\boldsymbol{B}(t)+\boldsymbol{C}\quad(\boldsymbol{C}\text{ 为任意常矢量}).$$

显然，矢性函数 $\boldsymbol{A}(t)=A_x(t)\boldsymbol{i}+A_y(t)\boldsymbol{j}+A_z(t)\boldsymbol{k}$ 的不定积分可归结为求三个数性函数的不定积分，即

$$\int \boldsymbol{A}(t)\mathrm{d}t=\boldsymbol{i}\int A_x(t)\mathrm{d}t+\boldsymbol{j}\int A_y(t)\mathrm{d}t+\boldsymbol{k}\int A_z(t)\mathrm{d}t. \tag{4.1.13}$$

由此看出，数性函数积分的方法同样适用于矢性函数的积分.

2. 不定积分的性质及计算

矢性函数不定积分的基本性质与数性函数类似，有

(1) $\int k\boldsymbol{A}(t)\mathrm{d}t = k\int \boldsymbol{A}(t)\mathrm{d}t$；

(2) $\int [\boldsymbol{A}(t) \pm \boldsymbol{B}(t)]\mathrm{d}t = \int \boldsymbol{A}(t)\mathrm{d}t \pm \int \boldsymbol{B}(t)\mathrm{d}t$；

(3) $\int \boldsymbol{a}u(t)\mathrm{d}t = \boldsymbol{a}\int u(t)\mathrm{d}t$；

(4) $\int \boldsymbol{a}\cdot \boldsymbol{A}(t)\mathrm{d}t = \boldsymbol{a}\cdot \int \boldsymbol{A}(t)\mathrm{d}t$；

(5) $\int \boldsymbol{a}\times \boldsymbol{A}(t)\mathrm{d}t = \boldsymbol{a}\times \int \boldsymbol{A}(t)\mathrm{d}t$.

其中，k 为非零常数，$\boldsymbol{a}$ 为非零常矢，$\boldsymbol{A}(t)$，$\boldsymbol{B}(t)$为矢性函数.

4.1.6 矢性函数的定积分

矢性函数的定积分和数性函数的定积分完全类似.

定义 4.1.11 设矢性函数 $\boldsymbol{A}(t)$在区间$[T_1, T_2]$上连续，则 $\boldsymbol{A}(t)$在区间$[T_1, T_2]$上的定积分是指下列形式的极限：

$$\int_{T_1}^{T_2} \boldsymbol{A}(t)\mathrm{d}t = \lim_{\lambda\to 0}\sum_{i=1}^{n}\boldsymbol{A}(\xi_i)\Delta t_i.$$

其中，$T_1 = t_0 < t_1 < t_2 < \cdots < t_n = T_2$，$\xi_i$ 为区间$[t_{i-1}, t_i]$上的一点，$\Delta t_i = t_i - t_{i-1}$，$\lambda = \max\{\Delta t_i\}$，$i = 1, 2, \cdots, n$.

因此，定积分具有和数性函数定积分类似的基本性质，并且仍有

$$\int_{T_1}^{T_2} \boldsymbol{A}(t)\mathrm{d}t = \boldsymbol{B}(T_2) - \boldsymbol{B}(T_1), \tag{4.1.14}$$

其中，$\boldsymbol{B}(t)$是连续函数 $\boldsymbol{A}(t)$在区间$[T_1, T_2]$上的一个原函数.

求矢性函数的定积分可以归结为求三个数性函数的定积分，即

$$\int_{T_1}^{T_2} \boldsymbol{A}(t)\mathrm{d}t = \boldsymbol{i}\int_{T_1}^{T_2} A_x(t)\mathrm{d}t + \boldsymbol{j}\int_{T_1}^{T_2} A_y(t)\mathrm{d}t + \boldsymbol{k}\int_{T_1}^{T_2} A_z(t)\mathrm{d}t.$$

例 4 已知 $\boldsymbol{A}(t) = (1 - \sin t)\boldsymbol{i} + \cos t\boldsymbol{j} + (1 - 2t)\boldsymbol{k}$，求：(1) $\int \boldsymbol{A}(t)\mathrm{d}t$；(2) $\int_0^{\frac{\pi}{2}} \boldsymbol{A}(t)\mathrm{d}t$.

解 (1) $\int \boldsymbol{A}(t)\mathrm{d}t = \boldsymbol{i}\int (1 - \sin t)\mathrm{d}t + \boldsymbol{j}\int \cos t\mathrm{d}t + \boldsymbol{k}\int (1 - 2t)\mathrm{d}t$

$= (t + \cos t)\boldsymbol{i} + \sin t\boldsymbol{j} + (t - t^2)\boldsymbol{k} + \boldsymbol{C}$；

$$(2)\int_0^{\frac{\pi}{2}}\boldsymbol{A}(t)\mathrm{d}t=\boldsymbol{i}\int_0^{\frac{\pi}{2}}(1-\sin t)\mathrm{d}t+\boldsymbol{j}\int_0^{\frac{\pi}{2}}\cos t\mathrm{d}t+\boldsymbol{k}\int_0^{\frac{\pi}{2}}(1-2t)\mathrm{d}t$$

$$=\left(\frac{\pi}{2}-1\right)\boldsymbol{i}+\boldsymbol{j}+\left(\frac{\pi}{2}-\frac{\pi^2}{4}\right)\boldsymbol{k}.$$

§4.2　矢量场的概念和矢量线

在许多科学、实际问题中，常常需要考虑某种矢量(如力、电场等)在空间的分布和变化规律，为了揭示和探索这些规律，我们引入了矢量场的概念.

4.2.1　矢量场的概念

如果在全部空间或部分空间里的每一点 M，都对应着某个矢量 $\boldsymbol{A}$，则称在这个空间里确定了一个矢量场，记作

$$\boldsymbol{A}=\boldsymbol{A}(M).$$

由定义看出，矢量场的本质是个空间矢性函数，在空间直角坐标系 $Oxyz$ 下，矢量 $\boldsymbol{A}$ 为空间点 $M(x,y,z)$ 的函数，即

$$\boldsymbol{A}=\boldsymbol{A}(x,y,z),$$

它的坐标表达式为

$$\boldsymbol{A}=A_x(x,y,z)\boldsymbol{i}+A_y(x,y,z)\boldsymbol{j}+A_z(x,y,z)\boldsymbol{k},$$

或

$$\boldsymbol{A}=(A_x,A_y,A_z).$$

其中，函数 A_x,A_y,A_z 为矢量 $\boldsymbol{A}$ 的三个坐标，类似数量场中的数量 u，以后总假定它们为单值、连续且有一阶连续偏导数.

4.2.2　矢量场的矢量线

考察矢量场中矢量在场中的宏观分布情况主要由矢量线来描述.

定义 4.2.1　在矢量场 $\boldsymbol{A}$ 中，曲线上每一点都和该点对应的矢量 $\boldsymbol{A}$ 相切，则称此曲线为矢量场 $\boldsymbol{A}$ 的**矢量线**，如图 4-2-1 所示. 例如，静电场中的电力线，磁场中的磁力线等都是矢量线的例子.

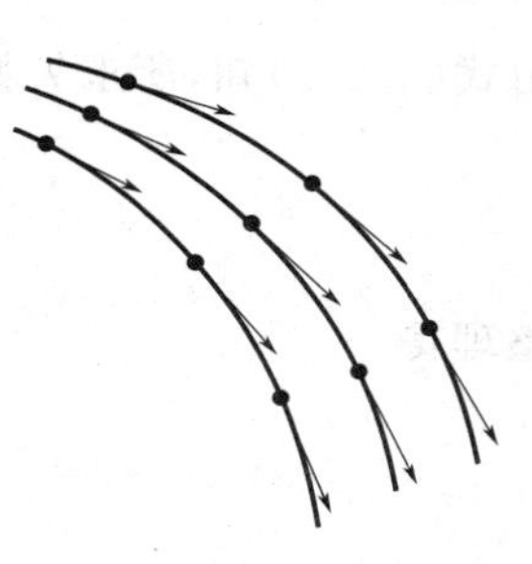

图 4-2-1

现在来讨论已知矢量场 $\boldsymbol{A}=(A_x,A_y,A_z)$，如何求出其矢量线方程.

设矢量线上任一点 $M(x,y,z)$，其矢径为

$$\boldsymbol{r}=x\boldsymbol{i}+y\boldsymbol{j}+z\boldsymbol{k},$$

微分后，得

$$\mathrm{d}\boldsymbol{r}=\mathrm{d}x\boldsymbol{i}+\mathrm{d}y\boldsymbol{j}+\mathrm{d}z\boldsymbol{k},$$

仍然为一个矢量，其几何意义表示在点 M 处与矢量线相切的矢量．同时，由矢量线的定义，在点 M 处对应的矢量 $\boldsymbol{A}=(A_x,A_y,A_z)$ 也与矢量线相切，即 $\mathrm{d}\boldsymbol{r}$ 与 $\boldsymbol{A}$ 共线，因此有

$$\frac{\mathrm{d}x}{A_x}=\frac{\mathrm{d}y}{A_y}=\frac{\mathrm{d}z}{A_z}. \tag{4.2.1}$$

这就是矢量场 $\boldsymbol{A}$ 中矢量线所应满足的微分方程，解方程可得矢量线族．

和数量场中的等值面类似，由于矢量场 $\boldsymbol{A}$ 中 A_x,A_y,A_z 为单值、连续且有一阶连续偏导数，除个别奇点(即物理源)外，矢量线互不相交地充满了矢量场所在的空间，即对场中任意一点，有且仅有一条矢量线通过．

因此，对场中任何一条非矢量线的曲线 C，都可以截出一个矢量线面，如图 4-2-2 所示；对场中任何一个非矢量线的简单闭曲线 D，都可以截出一个矢量线管，如图 4-2-3所示.

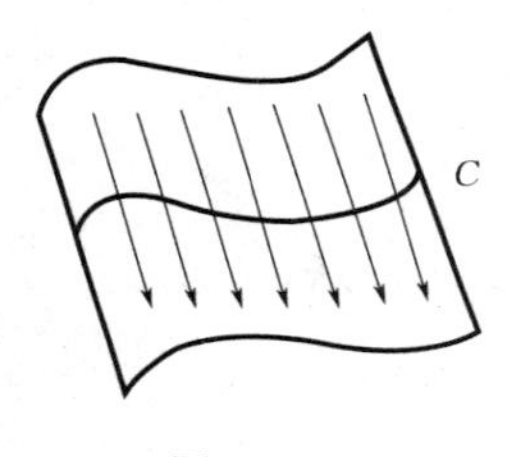

图 4-2-2

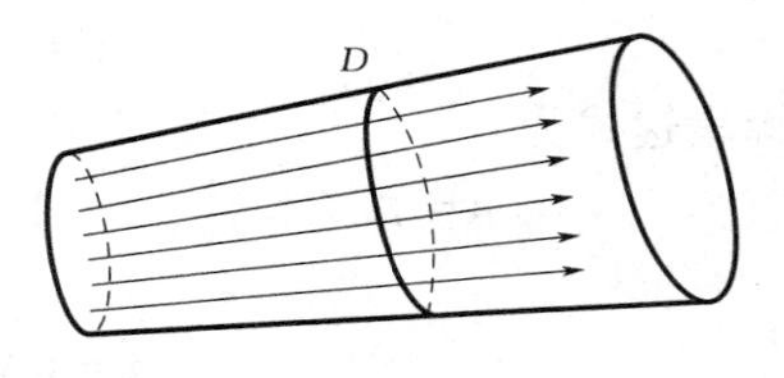

图 4-2-3

例 1 求位于坐标原点的点电荷 Q 的电场强度 $\boldsymbol{E}$ 的矢量线.

解 由电学知，由其所产生的电场中任一点 $M(x,y,z)$处的电场强度为

$$\boldsymbol{E}=\frac{Q\boldsymbol{r}}{4\pi\varepsilon r^3}=\frac{Q}{4\pi\varepsilon r^3}(x,y,z),$$

由式(4.2.1)知，所求矢量线应满足的微分方程为

$$\frac{\mathrm{d}x}{\dfrac{Qx}{4\pi\varepsilon r^3}}=\frac{\mathrm{d}y}{\dfrac{Qy}{4\pi\varepsilon r^3}}=\frac{\mathrm{d}z}{\dfrac{Qz}{4\pi\varepsilon r^3}},$$

整理得

$$\begin{cases}\dfrac{\mathrm{d}x}{x}=\dfrac{\mathrm{d}y}{y}\\[2mm]\dfrac{\mathrm{d}x}{y}=\dfrac{\mathrm{d}y}{z}\end{cases},$$

解得

$$\begin{cases} y=C_1 x \\ z=C_2 y \end{cases} \quad (\text{其中 } C_1, C_2 \text{ 为常数}).$$

从此结果看出，点电荷 Q 的矢量线实际上是从原点 O 出发的一族射线，在物理中称为电力线. 原点 O 为物理源，并且当 Q 为正电荷时电力线朝外，如图 4-2-4所示，当 Q 为负电荷时电力线朝内.

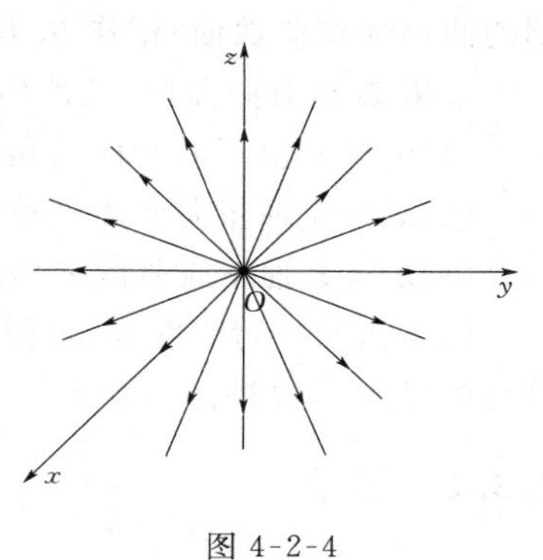

图 4-2-4

例 2　求矢量场 $\boldsymbol{A}=x\boldsymbol{i}+y\boldsymbol{j}+2z\boldsymbol{k}$ 通过点 $M(1,2,3)$ 的矢量线方程.

解　由式(4.2.1)，矢量场 $\boldsymbol{A}$ 所满足的矢量线方程为

$$\frac{\mathrm{d}x}{x}=\frac{\mathrm{d}y}{y}=\frac{\mathrm{d}z}{2z},$$

解得

$$\begin{cases} y=C_1 x \\ z=C_2 x^2 \end{cases},$$

将点 $M(1,2,3)$ 代入，得

$$C_1=2, \quad C_2=3,$$

即所求矢量线方程为

$$\begin{cases} y=2x \\ z=3x^2 \end{cases}.$$

习　题　4.2

1. 求矢量场 $\boldsymbol{F}(M)=x\boldsymbol{i}-y\boldsymbol{j}$ 的矢量线.
2. 设力场中力函数 $\boldsymbol{F}(M)=3\boldsymbol{i}-z\boldsymbol{j}+y\boldsymbol{k}$，求该力函数的矢量线.
3. 求矢量场 $\boldsymbol{A}(M)=xy^2\boldsymbol{i}+yx^2\boldsymbol{j}+zy^2\boldsymbol{k}$ 在点 $M(1,1,2)$ 处的矢量线.

§4.3　通量与散度

矢量场的矢量线从宏观上描述了矢量 $\boldsymbol{A}$ 在场中的分布情况，但不能定量的描述矢量场的大小，而通量是矢量场的一个重要的宏观参量，它表示矢量 $\boldsymbol{A}$ 穿过曲面 $\boldsymbol{S}$ 的总矢量线. 散度则是考察矢量 $\boldsymbol{A}$ 在场中的微观变化状态.

4.3.1 有向曲面

定义 4.3.1 取定双侧曲面 $\boldsymbol{S}$ 的一侧作为正侧，另一侧为负侧，称这种取定了正侧的曲面为**有向曲面**，记作 $\boldsymbol{S}$. 并对其方向作如下规定.

如果 $\boldsymbol{\Sigma}$ 是有向曲面，其法向量为 $\boldsymbol{n}$，

(1)$\boldsymbol{n}$ 与 x 轴正向所成夹角的余弦为正时，取前侧为正侧；

(2)$\boldsymbol{x}$ 与 y 轴正向所成夹角的余弦为正时，取右侧为正侧；

(3)$\boldsymbol{n}$ 与 z 轴正向所成夹角的余弦为正时，取上侧为正侧.

如果曲面是封闭曲面，习惯上取其外侧为正侧. 规定了 $\boldsymbol{S}$ 的正方向就可以进一步研究矢量 $\boldsymbol{A}$ 是穿进还是穿出.

4.3.2 通量

1. 通量的定义

引例 设有流速场 $\boldsymbol{v}(M)$，其流体是不可压缩的(即流体的密度不随时间变化而变化，不妨假设为 1)，$\boldsymbol{S}$ 为场中一个有向曲面，求单位时间内流体向正侧穿过 $\boldsymbol{S}$ 的流量 Q.

解 如图 4-3-1 所示，在曲面 $\boldsymbol{S}$ 上取一面积元素 $\mathrm{d}S$，同时 $\mathrm{d}S$ 也表示其面积，M 为 $\mathrm{d}S$ 上任一点，则 $\mathrm{d}S$ 上的每一点处的速度 $\boldsymbol{v}$ 和法矢量 $\boldsymbol{n}$ 都可以看作近似不变，且与 M 处的 $\boldsymbol{v}$ 和 $\boldsymbol{n}$ 相同，因此，单位时间内流体穿过 $\mathrm{d}S$ 的流量 $\mathrm{d}Q$ 为

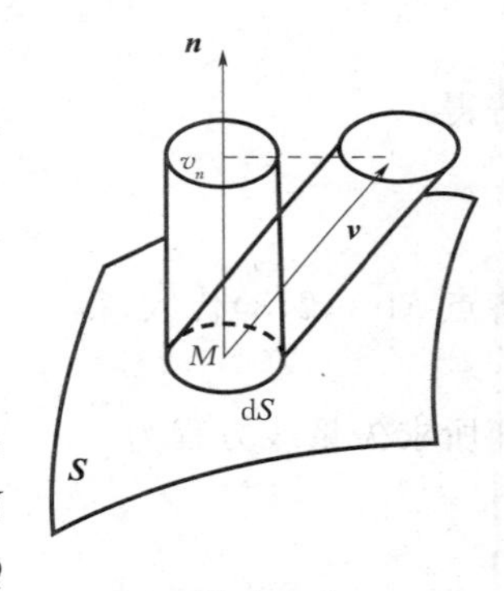

图 4-3-1

$$\mathrm{d}Q=v_n\mathrm{d}S, \tag{4.3.1}$$

其中，v_n 表示流速 $\boldsymbol{v}$ 在法矢量 $\boldsymbol{n}$ 上的投影. 若以 $\boldsymbol{n}^0$ 表示点 M 的单位法矢量，式(4.3.1)可写成

$$\mathrm{d}Q=(\boldsymbol{v}\cdot\boldsymbol{n}^0)\mathrm{d}S=\boldsymbol{v}\cdot(\boldsymbol{n}^0\mathrm{d}S)=\boldsymbol{v}\cdot\mathrm{d}\boldsymbol{S}. \tag{4.3.2}$$

注意：$\mathrm{d}\boldsymbol{S}=\boldsymbol{n}^0\mathrm{d}S$ 是矢量，其大小等于面积元素的面积 $\mathrm{d}S$，其方向与法向量 $\boldsymbol{n}$ 一致.

对式(4.3.2)进行曲面积分，即可得到单位时间内流体向正侧穿过 $\boldsymbol{S}$ 的流量 Q 为

$$Q=\iint_S v_n\mathrm{d}S=\iint_S\boldsymbol{v}\cdot\mathrm{d}\boldsymbol{S}. \tag{4.3.3}$$

事实上，这种形式的曲面积分在其他矢量场中也常见到，我们抛去其具体的物理意义，抽象出通量的概念如下：

定义 4.3.2 在矢量场 $\boldsymbol{A}(M)$ 中,沿有向曲面 $\boldsymbol{S}$ 的曲面积分

$$\Phi = \iint_S A_n \mathrm{d}S = \iint_S \boldsymbol{A} \cdot \mathrm{d}\boldsymbol{S} \tag{4.3.4}$$

称为矢量场 $\boldsymbol{A}(M)$ 穿过有向曲面 $\boldsymbol{S}$ 的**通量(流量)**. 其中,$A_n = \boldsymbol{A} \cdot \boldsymbol{n}^0$ 为矢量 $\boldsymbol{A}$ 在单位法向量 $\boldsymbol{n}^0$ 上的投影,如图 4-3-2 所示.

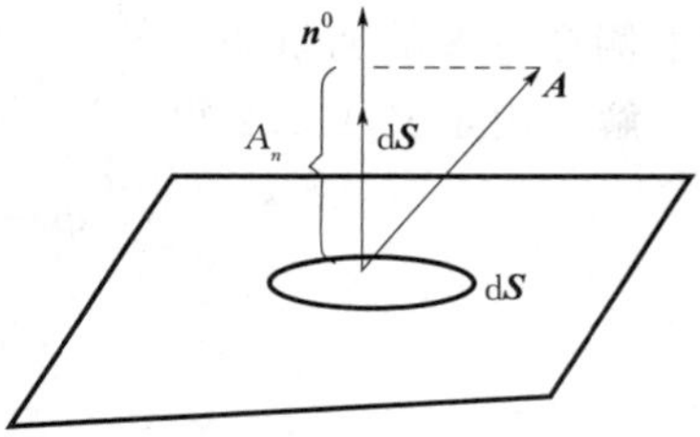

图 4-3-2

类似地,在物理学中还有其他的通量,如在电位移矢量 $\boldsymbol{D}$ 分布的电场中,穿过曲面 $\boldsymbol{S}$ 的电通量为

$$\Phi_e = \iint_S D_n \mathrm{d}S = \iint_S \boldsymbol{D} \cdot \mathrm{d}\boldsymbol{S},$$

在磁感应强度矢量 $\boldsymbol{B}$ 分布的磁场中,穿过曲面 $\boldsymbol{S}$ 的磁通量为

$$\Phi_m = \iint_S B_n \mathrm{d}S = \iint_S \boldsymbol{B} \cdot \mathrm{d}\boldsymbol{S}.$$

2. 通量在直角坐标系下的计算公式

定理 4.3.1 在空间直角坐标系中,设

$$\boldsymbol{A} = P(x,y,z)\boldsymbol{i} + Q(x,y,z)\boldsymbol{j} + R(x,y,z)\boldsymbol{k},$$

$$\begin{aligned}\mathrm{d}\boldsymbol{S} &= \boldsymbol{n}^0 \mathrm{d}S \\ &= \mathrm{d}S\cos\alpha\boldsymbol{i} + \mathrm{d}S\cos\beta\boldsymbol{j} + \mathrm{d}S\cos\gamma\boldsymbol{k} \\ &= \mathrm{d}y\mathrm{d}z\boldsymbol{i} + \mathrm{d}z\mathrm{d}x\boldsymbol{j} + \mathrm{d}x\mathrm{d}y\boldsymbol{k},\end{aligned}$$

其中,$\cos\alpha, \cos\beta, \cos\gamma$ 为 $\boldsymbol{n}$ 的方向余弦,则通量为

$$\Phi = \iint_S \boldsymbol{A} \cdot \mathrm{d}\boldsymbol{S} = \iint_S P\mathrm{d}y\mathrm{d}z + Q\mathrm{d}z\mathrm{d}x + R\mathrm{d}x\mathrm{d}y. \tag{4.3.5}$$

3. 通量的叠加性

设
$$\boldsymbol{A} = \boldsymbol{A}_1 + \boldsymbol{A}_2 + \cdots + \boldsymbol{A}_m = \sum_{i=1}^{m} \boldsymbol{A}_i,$$

则有

$$\Phi = \iint_S \boldsymbol{A} \cdot \mathrm{d}\boldsymbol{S} = \iint_S \left(\sum_{i=1}^{m} \boldsymbol{A}_i\right) \cdot \mathrm{d}\boldsymbol{S} = \sum_{i=1}^{m} \iint_S \boldsymbol{A}_i \cdot \mathrm{d}\boldsymbol{S} = \sum_{i=1}^{M} \Phi_i.$$

故通量具有可加性.

例 1 设 S 为上半球面 $x^2 + y^2 + z^2 = a^2\,(z \geqslant 0)$,求矢量场 $\boldsymbol{r} = (x,y,z)$ 向上穿过 S 的通量 Φ.

解 由定义 4.3.2 得

$$\Phi = \iint_S \boldsymbol{r} \cdot \mathrm{d}\boldsymbol{S} = \iint_S r_n \mathrm{d}S = \iint_S |\boldsymbol{r}| \mathrm{d}S$$

$$= a\iint_S \mathrm{d}S = a \cdot 2\pi a^2 = 2\pi a^3.$$

例 2 设 S 为曲面 $x^2+y^2=z(0\leqslant z\leqslant h)$，求流速场 $\boldsymbol{v}=(x+y+z)\boldsymbol{k}$ 在单位时间内向下侧穿过 $\boldsymbol{S}$ 的通量 Φ.

解 由定义 4.3.2 得

$$\begin{aligned}\Phi &= \iint_S \boldsymbol{v}\cdot \mathrm{d}\boldsymbol{S}\\ &= \iint_S (x+y+z)\mathrm{d}x\mathrm{d}y\\ &= -\iint_D (x+y+x^2+y^2)\mathrm{d}x\mathrm{d}y,\end{aligned}$$

其中，D 为 S 在 xOy 面上的投影区域：$x^2+y^2\leqslant h$，则有

$$\begin{aligned}\Phi &= -\iint_D (r\cos\theta + r\sin\theta + r^2)r\mathrm{d}r\mathrm{d}\theta\\ &= -\int_0^{2\pi}\mathrm{d}\theta\int_0^{\sqrt{h}}(r^2\cos\theta + r^2\sin\theta + r^3)\mathrm{d}r\\ &= -\int_0^{2\pi}\left[(\cos\theta+\sin\theta)\frac{\sqrt{h}^3}{3}+\frac{h^2}{4}\right]\mathrm{d}\theta\\ &= -\frac{1}{2}\pi h^2.\end{aligned}$$

例 3 在点电荷 Q 所产生的电场中，任一点 M 处的电位移矢量为 $\boldsymbol{D}=\dfrac{Q}{4\pi r^3}\boldsymbol{r}$，其中 r 是点电荷 Q 到点 M 的距离，$\boldsymbol{r}$ 是从点电荷 Q 指向点 M 的矢量，设 S 为以点电荷为中心，R 为半径的球面，求从内向外穿出 S 的电通量 Φ.

解 如图 4-3-3 所示，在球面 S 上恒有 $r=R$，且球面上点 M 的法矢量 $\boldsymbol{n}$ 与 $\boldsymbol{r}$ 方向一致，即它们的夹角 $\theta=0$，因此有

$$\begin{aligned}\Phi &= \oiint_S \boldsymbol{D}\cdot \mathrm{d}\boldsymbol{S} = \frac{Q}{4\pi R^3}\oiint_S \boldsymbol{r}\cdot\mathrm{d}\boldsymbol{S}\\ &= \frac{Q}{4\pi R^3}\oiint_S |\boldsymbol{r}|\cos\theta\mathrm{d}S\\ &= \frac{Q}{4\pi R^3}\oiint_S R\mathrm{d}S\\ &= \frac{Q}{4\pi R^3}R\cdot 4\pi R^2\\ &= Q.\end{aligned}$$

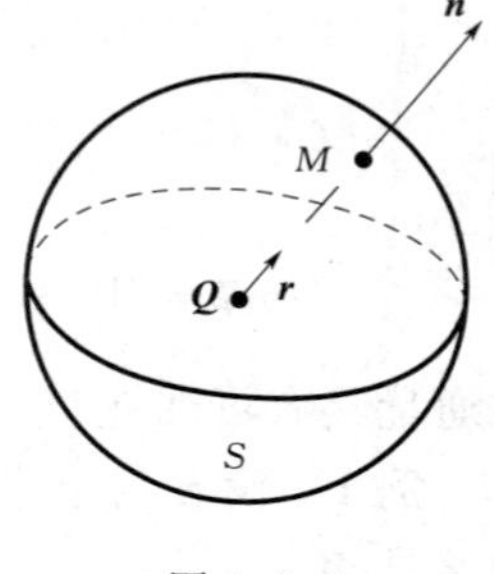

图 4-3-3

结论表明，电场穿过以点电荷 Q 为中心的任何球面 S 的电通量都为 Q，与球面的

半径无关. 事实上,物理上的场(无论是矢量场,还是数量场)都是相应的源作用的结果.

进一步地,由于通量具有叠加性,故若封闭曲面 S 包含 m 个不同的点电荷 Q_1, Q_2, $\cdots$, Q_m,电通量 Φ 就等于由 S 内每个点电荷 $Q_i(i=1,2,\cdots,m)$所产生的穿出 S 的电通量 Φ_i 的代数和,即

$$\Phi = \sum_{i=1}^{m}\Phi_i = \sum_{i=1}^{m}Q_i,$$

简单地说,即穿出任一封闭曲面 S 的电通量,等于其内各点电荷的代数和.

4. 通量的物理意义

由引例可知,单位时间内流体由负侧向正侧穿过面积元素 $\mathrm{d}S$ 的流量 $\mathrm{d}Q=\boldsymbol{v}\cdot\mathrm{d}\boldsymbol{S}$,此时,$\boldsymbol{v}$ 与 $\boldsymbol{n}$ 的夹角是锐角,所以有 $\mathrm{d}Q>0$,为正流量,如图 4-3-4 所示;反之,若流体由正侧向负侧穿过 $\mathrm{d}S$ 时,$\boldsymbol{v}$ 与 $\boldsymbol{n}$ 的夹角是钝角,所以有 $\mathrm{d}Q<0$,为负流量,如图 4-3-5 所示;当 $\boldsymbol{v}$ 与 $\boldsymbol{n}$ 的夹角是直角时,无论流体从哪侧穿出,都没有流量,即 $\mathrm{d}Q=0$.

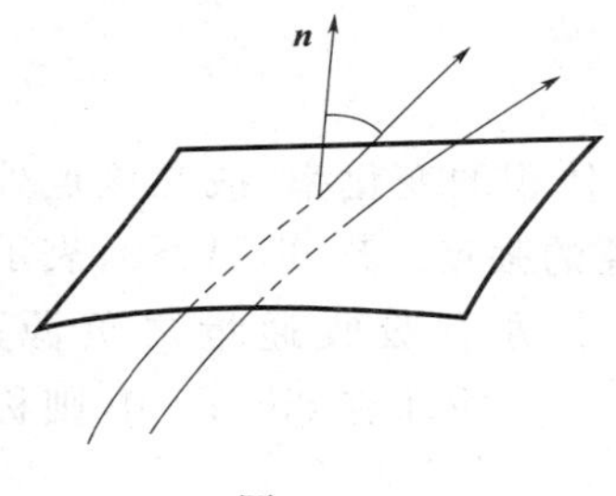

图 4-3-4

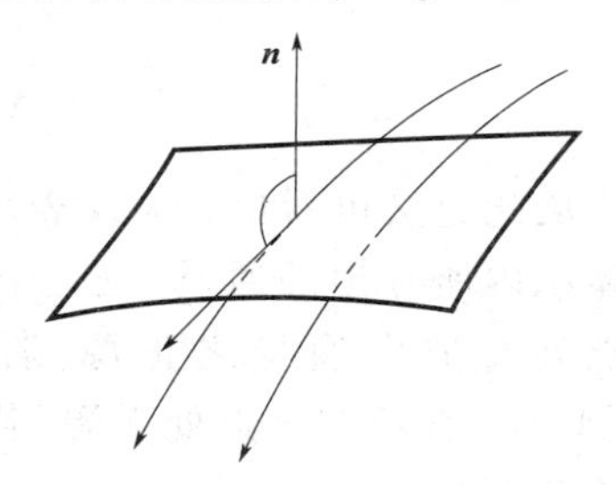

图 4-3-5

一般地,对于总流量 Q,理解为流体单位时间内从正侧穿过曲面 $\boldsymbol{S}$ 的正流量和负流量的代数和,即**净流量**. 例如,总流量 $Q>0$,说明向正侧穿过 $\boldsymbol{S}$ 的流量多于向负侧穿过的流量.

上述概念也适应于其他一般矢量场 $\boldsymbol{A}(M)$中. 对于封闭曲面 $\boldsymbol{S}$,通量为

$$\Phi = \oiint_{S}\boldsymbol{A}\cdot\mathrm{d}\boldsymbol{S}.$$

当 $\Phi>0$ 时,表示流出多于流入,称在 S 内必有产生通量之**正源**;当 $\Phi<0$ 时,表示流入多于流出,称在 S 内必有产生通量之**负源**;当 $\Phi=0$ 时,我们不能断言 S 内**无源**,因为在 S 内可能同时存在正源和负源,二者大小相等从而相互抵消.

以上表明,已知源可以求出通量 Φ,反之,已知通量 Φ,却无法反推出源,如 $\Phi=0$,这是因为通量是从宏观角度描述矢量场的,要了解源的特性,需要从微观的角度去分析其特性.

4.3.3 散度

正源和负源从宏观的角度反映了矢量 $\boldsymbol{A}(M)$ 穿过曲面 S 变化状态，但仅此还不能从微观角度了解源在 S 内的分布状态及强弱程度等问题，为此，我们引入矢量场的散度的概念.

1. 散度的定义

定义 4.3.3 设有矢量场 $\boldsymbol{A}(M)$，M 为场中一点，在点 M 的某邻域内作场中包含点 M 的任一封闭曲面 ΔS，设其所围成的空间区域为 $\Delta\Omega$，体积为 ΔV，$\Delta\Phi$ 表示从其内穿出 ΔS 的通量. 若当 $\Delta\Omega$ 以任意方式缩向点 M 时，若

$$\frac{\Delta\Phi}{\Delta V}=\frac{\oiint_{s}\boldsymbol{A}\cdot\mathrm{d}\boldsymbol{S}}{\Delta V}$$

的极限存在，则称此极限为矢量场 $\boldsymbol{A}(M)$ 在点 M 处的**散度**，记作 $\operatorname{div}\boldsymbol{A}$，即

$$\operatorname{div}\boldsymbol{A}=\lim_{\Delta\Omega\to M}\frac{\Delta\Phi}{\Delta V}=\lim_{\Delta\Omega\to M}\frac{\oiint_{s}\boldsymbol{A}\cdot\mathrm{d}\boldsymbol{S}}{\Delta V}. \tag{4.3.6}$$

从此定义可看出，$\operatorname{div}\boldsymbol{A}$ 表示在场中一点处通量对体积的变化率，或在该点处单位体积内所穿出的通量，是一个数量，称为在该点处**源的强度**. 若 $\operatorname{div}\boldsymbol{A}>0$，表示在该点处有散发通量之正源；若 $\operatorname{div}\boldsymbol{A}<0$，表示在该点处有吸收通量之负源；若 $\operatorname{div}\boldsymbol{A}=0$，表示在该点处无源. 若在矢量场 $\boldsymbol{A}(M)$ 中每一点处都有 $\operatorname{div}\boldsymbol{A}=0$，则称此场为**无源场**.

若把矢量场 $\boldsymbol{A}(M)$ 中每一点都与其散度一一对应起来，得到一个新的数量场，称由此矢量场所产生的**散度场**.

2. 散度在直角坐标系下的计算公式

定理 4.3.2 在空间直角坐标下，矢量场

$$\boldsymbol{A}(M)=P(x,y,z)\boldsymbol{i}+Q(x,y,z)\boldsymbol{j}+R(x,y,z)\boldsymbol{k}$$

在任一点 $M(x,y,z)$ 处的散度为

$$\operatorname{div}\boldsymbol{A}=\frac{\partial P}{\partial x}+\frac{\partial Q}{\partial y}+\frac{\partial R}{\partial z}. \tag{4.3.7}$$

证明 由高斯公式，

$$\begin{aligned}\Delta\Phi&=\oiint_{\Delta S}\boldsymbol{A}\cdot\mathrm{d}\boldsymbol{S}=\oiint_{\Delta S}(P,Q,R)\cdot(\mathrm{d}y\mathrm{d}z,\mathrm{d}z\mathrm{d}x,\mathrm{d}x\mathrm{d}y)\\&=\oiint_{\Delta S}P\mathrm{d}y\mathrm{d}z+Q\mathrm{d}z\mathrm{d}x+R\mathrm{d}x\mathrm{d}y\end{aligned}$$

$$= \iiint_{\Omega} \left(\frac{\partial P}{\partial x} + \frac{\partial Q}{\partial y} + \frac{\partial R}{\partial z} \right) \mathrm{d}V,$$

再由积分中值定理，有

$$\Delta \Phi = \left[\frac{\partial P}{\partial x} + \frac{\partial Q}{\partial y} + \frac{\partial R}{\partial z} \right]_{M^*} \cdot \Delta V,$$

其中，M^* 为 $\Delta\Omega$ 内某一点，从而由散度的定义有

$$\operatorname{div} \boldsymbol{A} = \lim_{\Delta\Omega \to M} \frac{\Delta \Phi}{\Delta V} = \lim_{\Delta\Omega \to M} \left[\frac{\partial P}{\partial x} + \frac{\partial Q}{\partial y} + \frac{\partial R}{\partial z} \right]_{M^*},$$

当 $\Delta\Omega$ 缩向点 M 时，M^* 同时也趋于点 M，所以有

$$\operatorname{div} \boldsymbol{A} = \frac{\partial P}{\partial x} + \frac{\partial Q}{\partial y} + \frac{\partial R}{\partial z}.$$

此定理也称为矢量场的高斯定理，由此定理可知，散度与场的特性有关，是空间坐标点的函数，与坐标系无关，这点与梯度类似.

由此定理，我们可以得到如下推论：

推论 1　由高斯公式，可将通量 Φ 写成如下矢量形式

$$\Phi = \oiint_S \boldsymbol{A} \cdot \mathrm{d}\boldsymbol{S} = \iiint_{\Omega} \operatorname{div} \boldsymbol{A} \mathrm{d}V.$$

由此看出通量和散度之间的关系，即穿出封闭曲面 $\boldsymbol{S}$ 的通量，等于由其所围成的区域 Ω 内的散度在 Ω 上的三重积分.

推论 2　若在封闭曲面 $\boldsymbol{S}$ 内处处有 $\operatorname{div} \boldsymbol{A} = 0$，则

$$\oiint_S \boldsymbol{A} \cdot \mathrm{d}\boldsymbol{S} = 0,$$

即在无源场内没有任何穿出或穿入的通量.

例 4　求矢量场 $\boldsymbol{A} = (2x - 3y)\boldsymbol{i} + (x^3 + yz)\boldsymbol{j} + (x\cos z + z)\boldsymbol{k}$ 在点 $M(1,2,0)$ 处的散度.

解　已知 $P = 2x - 3y, Q = x^3 + yz, R = x\cos z + z$，由式(4.3.7)，

$$\begin{aligned} \operatorname{div} \boldsymbol{A} &= \frac{\partial P}{\partial x} + \frac{\partial Q}{\partial y} + \frac{\partial R}{\partial z} \\ &= 2 + z + 1 - x\sin z \\ &= 3 + z - x\sin z \end{aligned}$$

故

$$\operatorname{div} \boldsymbol{A} |_M = 3.$$

例 5　已知矢量场 $\boldsymbol{A} = (ax^2 + y)\boldsymbol{i} + 2b(y - z)\boldsymbol{j} + (xz - cz^2)\boldsymbol{k}$ 为一个无源场，试求 a, b, c.

解　由式(4.3.7)，得

$$\operatorname{div} \boldsymbol{A} = 2ax + 2b + x - 2cz = (2a + 1)x - 2cz + 2b,$$

因为矢量场 $\boldsymbol{A}$ 为一个无源场，所以对场中任一点(x,y,z)处都有 $\operatorname{div}\boldsymbol{A}=0$，故

$$2a+1=0,\quad -2c=0,\quad 2b=0,$$

即

$$a=-\frac{1}{2},\quad b=0,\quad c=0.$$

例 6 求由矢量场 $\boldsymbol{A}=(x^3+yz)\boldsymbol{i}+(y^2+xz)\boldsymbol{j}+(z^3+xy)\boldsymbol{k}$ 所产生的散度，并求由该矢量场所产生的散度场通过点 $M(-1,2,0)$处的等值面.

解 由式(4.3.7)，得

$$\operatorname{div}\boldsymbol{A}=3x^2+2y+3z^2,$$

即散度场为 $u=3x^2+2y+3z^2$，因为散度场过点 $M(-1,2,0)$，将其代入得等值面

$$u=3x^2+2y+3z^2=7.$$

例 7 在点电荷 Q 所产生的静电场中，求电位移矢量 $\boldsymbol{D}$ 在任何一点 M 处的散度 $\operatorname{div}\boldsymbol{D}$.

解 条件同例 3，不再赘述. 因为有 $\boldsymbol{D}=\dfrac{Q}{4\pi r^3}\boldsymbol{r}$，故

$$D_x=\frac{Qx}{4\pi r^3},\quad D_y=\frac{Qy}{4\pi r^3},\quad D_z=\frac{Qz}{4\pi r^3},$$

所以有

$$\frac{\partial D_x}{\partial x}=\frac{Q}{4\pi}\frac{r^2-3x^2}{r^5},\quad \frac{\partial D_y}{\partial y}=\frac{Q}{4\pi}\frac{r^2-3y^2}{r^5},\quad \frac{\partial D_y}{\partial y}=\frac{Q}{4\pi}\frac{r^2-3z^2}{r^5},$$

$$\operatorname{div}\boldsymbol{D}=\frac{\partial D_x}{\partial x}+\frac{\partial D_y}{\partial y}+\frac{\partial D_z}{\partial z}=\frac{Q}{4\pi}\frac{3r^2-3r^2}{r^5}=0.$$

可见，除点电荷 Q 所在的原点($r=0$)散度不存在外，电位移 $\boldsymbol{D}$ 的散度处处为零.

3. 散度运算的基本公式

(1) $\operatorname{div}(c\boldsymbol{A})=c\operatorname{div}\boldsymbol{A}$ （c 为常数）；

(2) $\operatorname{div}(\boldsymbol{A}+\boldsymbol{B})=\operatorname{div}\boldsymbol{A}+\operatorname{div}\boldsymbol{B}$；

(3) $\operatorname{div}(u\boldsymbol{A})=u\operatorname{div}\boldsymbol{A}+\mathbf{grad}\,u\cdot\boldsymbol{A}$ （u 为数性函数）.

例 8 已知 $u=xy^2z^3$，$\boldsymbol{A}=(x^2,xz,-2yz)$，求 $\operatorname{div}(u\boldsymbol{A})$.

解 由散度的基本公式(3)，得

$$\begin{aligned}\operatorname{div}(u\boldsymbol{A})&=u\operatorname{div}\boldsymbol{A}+\mathbf{grad}\,u\cdot\boldsymbol{A}\\&=xy^2z^3(2x-2y)+(y^2z^3,2xyz^3,3xy^2z^2)\cdot(x^2,xz,-2yz)\\&=2x^2y^2z^3-2xy^3z^3+x^2y^2z^3+2x^2yz^4-6xy^3z^3\\&=3x^2y^2z^3-8xy^3z^3+2x^2yz^4.\end{aligned}$$

习 题 4.3

1. 求矢量 $\boldsymbol{r}=x\boldsymbol{i}+y\boldsymbol{j}+z\boldsymbol{k}$ 穿过有向曲面 $\boldsymbol{S}$ 的通量，设

(1)$\boldsymbol{S}$ 为球面 $x^2+y^2+z^2=1$ 的外侧；

(2)$\boldsymbol{S}$ 为锥面 $z^2=x^2+y^2$ 与平面 $z=1$ 所围锥体的外侧.

2. 求矢量场 $\boldsymbol{A}=yz\boldsymbol{i}+xz\boldsymbol{j}+xy\boldsymbol{k}$ 穿过介于 $\delta=0$ 到 $\delta=1$ 之间圆柱面 $x^2+y^2=1$ 的外侧的通量.

3. 求矢量场 $\boldsymbol{A}=(2x+3z)\boldsymbol{i}-(xz+y)\boldsymbol{j}+(y^2+2z)\boldsymbol{k}$ 穿过上半球面 $x^2+y^2+z^2=1(z\geqslant 0)$ 的外侧的通量.

4. 求下列矢量场的散度.

(1)$\boldsymbol{A}=(2x+3z)\boldsymbol{i}-(xz+y)\boldsymbol{j}+(y^2+2z)\boldsymbol{k}$；

(2)$\boldsymbol{A}=(z+\sin y)\boldsymbol{i}-(x\cos y-z)\boldsymbol{j}+(y+z\cos x)\boldsymbol{k}$.

5. 设数量场 $u=\ln\sqrt{x^2+y^2+z^2}$，求 $\mathrm{div}(\mathbf{grad}\ u)$.

6. 求矢量场 $\boldsymbol{A}=xy^2\boldsymbol{i}+y\mathrm{e}^z\boldsymbol{j}+x\ln(1+z^2)\boldsymbol{k}$ 在点 $M(1,1,0)$ 处的散度.

§4.4　环量与旋度

通量从宏观角度研究了矢量场的的扩散特性，环量则从宏观角度描述了矢量场的旋转特性，表示矢量 $\boldsymbol{A}$ 经过闭曲线 $\boldsymbol{l}$ 所获得的“流”总量. 旋度说明了矢量 $\boldsymbol{A}$ 在场中每点处的微观旋转状态.

4.4.1　有向封闭曲线

简单曲线是一条没有重点的连续曲线. 起点和终点重合的简单曲线就是一条简单封闭曲线，取定了正向和负向的曲线为有向封闭曲线，一般取使沿曲线运动时，曲线所围闭区域靠左的方向为正方向，相反方向为负方向.

为讨论方便，我们规定：以后所讲到的有向曲线都为分段光滑的简单曲线，且其切向矢量 $\boldsymbol{\tau}$ 恒指向我们研究问题时所取的一方.

4.4.2　环量

1. 环量的定义

引例　设有力场 $\boldsymbol{F}(M)$，$\boldsymbol{l}$ 为场中一条封闭的有向曲线，求一质点 $\boldsymbol{M}$ 在力 $\boldsymbol{F}(M)$ 的作用下，沿 $\boldsymbol{l}$ 正向运转一周所做的功.

解　如图 4-4-1 所示，在 $\boldsymbol{l}$ 上取一弧元素 $\mathrm{d}l$，同时 $\mathrm{d}l$ 也表示其弧长，则质点 $\boldsymbol{M}$ 在 $\mathrm{d}l$ 上的每一点处的力 $\boldsymbol{F}$ 和切矢量 $\boldsymbol{\tau}$ 都可以看作近似不变，$\mathrm{d}l$ 近似看成直线，因此，质点 $\boldsymbol{M}$ 沿 $\mathrm{d}l$ 所做的功近似为

$$dW = \boldsymbol{F}\cos\theta dl = F_l dl \quad (4.4.1)$$

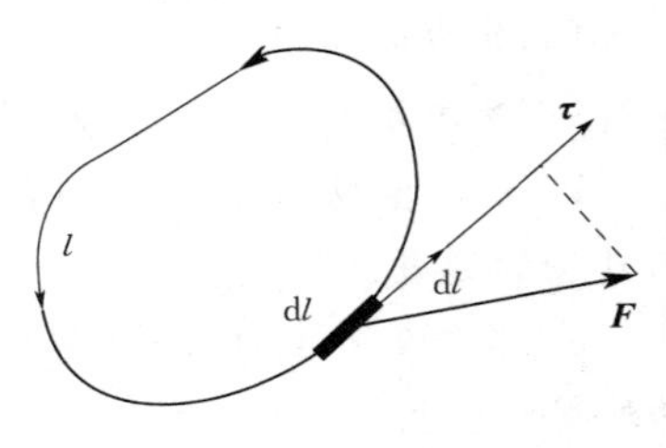

图 4-4-1

其中，F_l 表示力 $\boldsymbol{F}$ 在切矢量 $\boldsymbol{\tau}$ 上的投影. 若以 $\boldsymbol{\tau}^0$ 表示 dl 处的单位切矢量，式(4.4.1)可写成

$$dW = F_l dl = (\boldsymbol{F}\cdot\boldsymbol{\tau}^0)dl = \boldsymbol{F}\cdot(\boldsymbol{\tau}^0 dl) = \boldsymbol{F}\cdot d\boldsymbol{l} \quad (4.4.2)$$

注意：$d\boldsymbol{l} = \boldsymbol{\tau}^0 dl$ 是矢量，其大小等于弧元素的弧长 dl，其方向与切向量 $\boldsymbol{\tau}$ 一致.

对式(4.4.2)进行曲线积分，即可得到质点 M 沿 l 正向运转一周所做的功为

$$W = \oint_l F_l dl = \oint_l \boldsymbol{F}\cdot d\boldsymbol{l} \quad (4.4.3)$$

事实上，这种形式的曲线积分在其他矢量场中也常见到，我们抛去其具体的物理意义，抽象出环量的概念如下：

定义 4.4.1 在矢量场 $\boldsymbol{A}(M)$ 中，沿场中某一封闭有向曲线 $\boldsymbol{l}$ 的曲线积分

$$\Gamma = \oint_l A_l dl = \oint_l \boldsymbol{A}\cdot d\boldsymbol{l} \quad (4.4.4)$$

称为矢量场 $\boldsymbol{A}(M)$ 沿封闭有向曲线 $\boldsymbol{l}$ 的**环量**. 其中，$A_l = \boldsymbol{A}\cdot\boldsymbol{\tau}^0$ 为矢量 $\boldsymbol{A}$ 在单位切向量 $\boldsymbol{\tau}$ 上的投影. 环量实质上是第二类曲线积分.

类似地，在物理学中还有其他的环量，如在流速场 $\boldsymbol{v}(M)$ 中，积分 $\oint_l \boldsymbol{v}\cdot d\boldsymbol{l}$ 表示流速 $\boldsymbol{v}$ 在单位时间内，沿闭路 $\boldsymbol{l}$ 正向流动的环流量.

2. 环量在直角坐标系下的计算公式

定理 4.4.1 在空间直角坐标系下，设

$$\boldsymbol{A} = P(x,y,z)\boldsymbol{i} + Q(x,y,z)\boldsymbol{j} + R(x,y,z)\boldsymbol{k},$$

$$\begin{aligned} d\boldsymbol{l} = \boldsymbol{\tau}^0 dl &= dl\cos\alpha\boldsymbol{i} + dl\cos\beta\boldsymbol{j} + dl\cos\gamma\boldsymbol{k} \\ &= dx\boldsymbol{i} + dy\boldsymbol{j} + dz\boldsymbol{k}, \end{aligned}$$

其中，cos ，$\cos\beta$，$\cos\gamma$ 为 $\boldsymbol{\tau}$ 的方向余弦，则环量为

$$\Gamma = \oint_l \boldsymbol{A}\cdot d\boldsymbol{l} = \oint_l P dx + Q dy + R dz. \quad (4.4.5)$$

例 1 设有平面矢量场 $\boldsymbol{A} = (x^2 - y^2)\boldsymbol{i}$，$\boldsymbol{l}$ 为场中的抛物线 $y = x^2$ 上从(0,0)到(2,4)的一段弧和沿从(2,4)到(0,0)的直线段构成的封闭曲线，求此矢量场沿 $\boldsymbol{l}$ 正向的环量 Γ.

解 由式(4.4.5)，得

$$\begin{aligned} \Gamma &= \int_l \boldsymbol{A}\cdot d\boldsymbol{l} \\ &= \int_{l1}(x^2 - y^2)dx + \int_{l2}(x^2 - y^2)dx \end{aligned}$$

$$=\int_0^2 (x^2-y^2)\mathrm{d}x-\int_2^0 (x^2-y^2)\mathrm{d}x$$

$$=\int_0^2 [x^2-(x^2)^2]\mathrm{d}x-\int_2^0 (x^2-(2x)^2)\mathrm{d}x$$

$$=\frac{8}{3}-\frac{32}{5}+8$$

$$=\frac{64}{15}.$$

例 2 设有平面矢量场 $\boldsymbol{A}=y\boldsymbol{i}+x\boldsymbol{j}$，$\boldsymbol{l}$ 为场中沿圆 $x=R\cos t, y=R\sin t$ 一周的正向，求此矢量场沿 $\boldsymbol{l}$ 正向的环量 Γ.

解 由式(4.4.5)，得

$$\begin{aligned}\Gamma &= \oint_l \boldsymbol{A}\cdot \mathrm{d}\boldsymbol{l}\\ &=\oint_l y\mathrm{d}x+x\mathrm{d}y\\ &=\int_0^{2\pi}[R^2\sin t\cdot(-\sin t)]\mathrm{d}t+R^2\cos^2 t\mathrm{d}t\\ &=R^2\int_0^{2\pi}(\cos^2 t-\sin^2 t)\mathrm{d}t\\ &=R^2\int_0^{2\pi}\cos 2t\mathrm{d}t\\ &=0.\end{aligned}$$

环量可以理解为矢量场 $\boldsymbol{A}(M)$ 通过以闭曲线 $\boldsymbol{l}$ 为边界的曲面 S 的总矢量线，那么 $\boldsymbol{A}(M)$ 在矢量场中任一点 M 处的环量是多少呢？

4.4.3 环量面密度

1. 环量面密度的定义

定义 4.4.2 设点 M 为矢量场 $\boldsymbol{A}(M)$ 中任意一点，在点 M 处任意取定一个方向 $\boldsymbol{n}$，以 $\boldsymbol{n}$ 为法矢做过 M 的任一微小曲面 ΔS，同时表示其面积，其边界 Δl 的正向与 $\boldsymbol{n}$ 构成右手螺旋关系，如图 4-4-2 所示. 若曲面 ΔS 沿自身缩向点 M 时，矢量场沿 Δl 之正向的环量 $\Delta\Gamma$ 与面积 ΔS 之比的极限

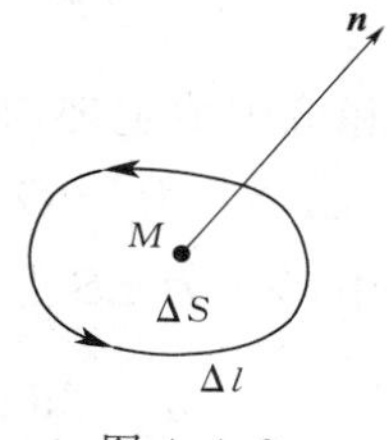

图 4-4-2

$$\lim_{\Delta S\to M}\frac{\Delta\Gamma}{\Delta S}=\lim_{\Delta S\to M}\frac{\oint_{\Delta l}\boldsymbol{A}\cdot \mathrm{d}\boldsymbol{l}}{\Delta S} \tag{4.4.6}$$

存在，则称此极限值为矢量场 $\boldsymbol{A}$ 在点 M 处沿方向 $\boldsymbol{n}$ 的**环量面密度**，记作 μ_n.

从定义 4.4.2 看出，环量面密度反映了环量对面积的变化率.

例如，在流速场的一点 M 处，沿方向 $\boldsymbol{n}$ 的环流面密度

$$\mu_n=\lim_{\Delta S\to M}\frac{\Delta Q_l}{\Delta S}=\lim_{\Delta S\to M}\frac{\oint_{\Delta l}\boldsymbol{v}\cdot \mathrm{d}\boldsymbol{l}}{\Delta \boldsymbol{S}} \tag{4.4.7}$$

表示在点 M 处与 $\boldsymbol{n}$ 构成右手螺旋方向的环流对面积的变化率，称为点 M 处的**环流密度**.

2. 在直角坐标系下的计算公式

定理 4.4.2 在直角坐标系中，设矢量场

$$\boldsymbol{A}(M)=P(x,y,z)\boldsymbol{i}+Q(x,y,z)\boldsymbol{j}+R(x,y,z)\boldsymbol{k}$$

则 $\boldsymbol{A}$ 在任一点 M 处沿方向 $\boldsymbol{n}$ 的环量面密度为

$$\begin{aligned}\mu_n&=(R_y-Q_z)\cos\alpha+(P_z-R_x)\cos\beta+(Q_x-P_y)\cos\gamma\\&=\begin{vmatrix}\cos\alpha & \cos\beta & \cos\gamma\\ \dfrac{\partial}{\partial x} & \dfrac{\partial}{\partial y} & \dfrac{\partial}{\partial z}\\ P & Q & R\end{vmatrix},\end{aligned} \tag{4.4.8}$$

其中，$\cos\alpha,\cos\beta,\cos\gamma$ 为曲面 ΔS 上点 M 处法矢 $\boldsymbol{n}$ 的方向余弦.

证明 由斯托克斯公式

$$\begin{aligned}\Delta\Gamma&=\oint_{\Delta l}\boldsymbol{A}\cdot\mathrm{d}\boldsymbol{l}\\&=\oint_{\Delta l}P\,\mathrm{d}x+Q\mathrm{d}y+R\mathrm{d}z\\&=\iint_{\Delta S}(R_y-Q_z)\mathrm{d}y\mathrm{d}z+(P_z-R_x)\mathrm{d}z\mathrm{d}x+(Q_x-P_y)\mathrm{d}x\mathrm{d}y\\&=\iint_{\Delta S}[(R_y-Q_z)\cos(\boldsymbol{n},\boldsymbol{i})+(P_z-R_x)\cos(\boldsymbol{n},\boldsymbol{j})+(Q_x-P_y)\cos(\boldsymbol{n},\boldsymbol{k})]\mathrm{d}S,\end{aligned}$$

由积分中值定理，有

$$\Delta\Gamma=[(R_y-Q_z)\cos(\boldsymbol{n},\boldsymbol{i})+(P_z-R_x)\cos(\boldsymbol{n},\boldsymbol{j})+(Q_x-P_y)\cos(\boldsymbol{n},\boldsymbol{k})]_{M^*}\Delta S,$$

其中，M^* 为 ΔS 上某一点，当 $\Delta S\to M$ 时，有 $M^*\to M$，于是有

$$\mu_n=\lim_{\Delta S\to M}\frac{\Delta\Gamma}{\Delta S}=(R_y-Q_z)\cos\alpha+(P_z-R_x)\cos\beta+(Q_x-P_y)\cos\gamma.$$

例 3 求矢量场 $\boldsymbol{A}=x(z-y)\boldsymbol{i}+y(x-z)\boldsymbol{j}+z(y-x)\boldsymbol{k}$ 在点 $M(1,-1,2)$ 处沿方向 $\boldsymbol{n}=\boldsymbol{i}+2\boldsymbol{j}+\boldsymbol{k}$ 的环量面密度.

解 已知 $\boldsymbol{n}=\boldsymbol{i}+2\boldsymbol{j}+\boldsymbol{k}$，则

$$\cos\alpha=\frac{1}{\sqrt{6}},\quad \cos\beta=\frac{2}{\sqrt{6}},\quad \cos\gamma=\frac{1}{\sqrt{6}},$$

设 $P=x(z-y),Q=y(x-z),R=z(y-x)$,则有

$$\begin{aligned}\mu_n&=(R_y-Q_z)\cos\alpha+(P_z-R_x)\cos\beta+(Q_x-P_y)\cos\gamma\\&=[z-(-y)]\frac{1}{\sqrt{6}}+[x-(-z)]\frac{2}{\sqrt{6}}+[y-(-x)]\frac{1}{\sqrt{6}}\\&=\frac{1}{\sqrt{6}}(3x+2y+3z),\end{aligned}$$

因此

$$\mu_n\big|_{M(1,-1,2)}=\frac{7}{\sqrt{6}}.$$

4.4.4　旋度

1. 旋度的定义

环量面密度表示在点 M 处与 $\boldsymbol{n}$ 构成右手螺旋方向的环量对面积的变化率,从点 M 出发可以做无数个方向 $\boldsymbol{n}$ 并且与 $\boldsymbol{n}$ 垂直的曲面 ΔS,这样,在点 M 处沿不同的方向 $\boldsymbol{n}$,就有相应的不同的环量面密度,那么到底沿哪个方向的环量面密度是最大的呢?为此,像在定点处的方向导数一样,我们可以将空间直角坐标系下的环量面密度的计算式(4.4.8)写为

$$\begin{aligned}\mu_n&=(R_y-Q_z)\cos\alpha+(P_z-R_x)\cos\beta+(Q_x-P_y)\cos\gamma\\&=(R_y-Q_z,P_z-R_x,Q_x-P_y)\cdot(\cos\alpha,\cos\beta,\cos\gamma),\end{aligned}$$

其中,$\cos\alpha,\cos\beta,\cos\gamma$ 为方向 $\boldsymbol{n}$ 的方向余弦,也是方向 $\boldsymbol{n}$ 的单位矢量,记作

$$\boldsymbol{n}^0=(\cos\alpha,\cos\beta,\cos\gamma),$$

取 $(R_y-Q_z,P_z-R_x,Q_x-P_y)=\boldsymbol{R}$,显然 $\boldsymbol{R}$ 在给定点 M 处是一个固定矢量,与坐标系无关,则式(4.4.8)可写为

$$\mu_n=\boldsymbol{R}\cdot\boldsymbol{n}^0=|\boldsymbol{R}|\cos(\boldsymbol{R},\boldsymbol{n}^0).\tag{4.4.9}$$

此式表明,矢量场 $\boldsymbol{A}$ 在任一点 M 处沿方向 $\boldsymbol{n}$ 的环量面密度正好等于矢量 $\boldsymbol{R}$ 在该方向上的投影,即式(4.4.8)也可记为 $\mu_n=\mathrm{Prj}_{\boldsymbol{n}}\boldsymbol{R}$.

当 $\boldsymbol{R}$ 与 $\boldsymbol{n}$ 方向一致时,有

$$\cos(\boldsymbol{R},\boldsymbol{n}^0)=1,$$

此时,环量面密度取得最大值,且最大值为

$$\mu_n=|\boldsymbol{R}|.\tag{4.4.10}$$

我们把 $\boldsymbol{R}$ 称为矢量场 $\boldsymbol{A}$ 在点 $\boldsymbol{M}$ 处的旋度.

定义 4.4.3　若在矢量场 $\boldsymbol{A}(M)$ 中点 M 处存在这样一个矢量 $\boldsymbol{R}$,其方向为环量面密度在该点处变化率最大的方向,其模正好为这个最大变化率的数值,则称矢量 $\boldsymbol{R}$ 为

矢量场$\boldsymbol{A}(M)$在点M处的**旋度**,记作

$$\text{rot } \boldsymbol{A}=\boldsymbol{R}. \tag{4.4.11}$$

2. 旋度在直角坐标系下的计算公式

定理 4.4.3 在直角坐标系下,矢量场

$$\boldsymbol{A}(M)=P(x,y,z)\boldsymbol{i}+Q(x,y,z)\boldsymbol{j}+R(x,y,z)\boldsymbol{k}$$

在任一点$M(x,y,z)$处的旋度为

$$\text{rot } \boldsymbol{A}=(R_y-Q_z,P_z-R_x,Q_x-P_y) \tag{4.4.12}$$

或

$$\text{rot } \boldsymbol{A}=\begin{vmatrix} \boldsymbol{i} & \boldsymbol{j} & \boldsymbol{k} \\ \dfrac{\partial}{\partial x} & \dfrac{\partial}{\partial y} & \dfrac{\partial}{\partial z} \\ P & Q & R \end{vmatrix}. \tag{4.4.13}$$

注意:(1) 旋度是一个矢量,是矢量场$\boldsymbol{A}(M)$在点M处的固有特性,由矢量场$\boldsymbol{A}$的分布所决定,与坐标系的选取无关;

(2) 旋度在大小和方向上表现出了最大的环量面密度,这也是旋度的物理意义.

若把矢量场$\boldsymbol{A}$中每一点与该点的旋度一一对应起来,而得到一个新的矢量场,称为由矢量场$\boldsymbol{A}$所产生的**旋度场**. 并且把$\text{rot } \boldsymbol{A}=\boldsymbol{0}$的矢量场$\boldsymbol{A}$称为**无旋场**.

例如,在流速场中,从M点出发有无数个方向$\boldsymbol{n}$,以它们为法向量对应着有无数个小曲面ΔS及所围成的小封闭曲线Δl,按照环量面密度计算公式(4.4.7),在点M处对应着无数个环量面密度,哪个方向上的环量面密度最大,即在这个方向单位时间内穿过ΔS的流量最多,是流速场$\boldsymbol{v}$在点M的旋度.

由定理 4.4.3,我们可以得到如下环量和旋度之间的关系:

推论 由斯托克斯公式,可将环量Γ写成如下矢量形式

$$\Gamma=\oint_l \boldsymbol{A}\cdot \mathrm{d}\boldsymbol{l}=\iint_S (\text{rot } \boldsymbol{A})\cdot \mathrm{d}\boldsymbol{S}. \tag{4.4.14}$$

3. 旋度运算的基本公式

(1)$\text{rot}(c\boldsymbol{A})=c\cdot \text{rot } \boldsymbol{A}$ (c为常数);

(2)$\text{rot}(\boldsymbol{A}+\boldsymbol{B})=\text{rot } \boldsymbol{A}+\text{rot } \boldsymbol{B}$;

(3)$\text{rot}(u\boldsymbol{A})=u\cdot \text{rot } \boldsymbol{A}+\textbf{grad } u\times \boldsymbol{A}$ (u为数性函数);

(4)$\text{div}(\boldsymbol{A}\times \boldsymbol{B})=\boldsymbol{B}\cdot \text{rot } \boldsymbol{A}-\boldsymbol{A}\cdot \text{rot } \boldsymbol{B}$;

(5)$\text{rot}(\textbf{grad } u)=\boldsymbol{0}$ (梯度场为无旋场);

(6)$\text{div}(\text{rot } \boldsymbol{A})=0$ (旋度场为无源场).

例 4 求矢量场$\boldsymbol{A}=(2x-3y)\boldsymbol{i}+(x^3+yz)\boldsymbol{j}+(x\cos z+z)\boldsymbol{k}$在点$M(1,2,0)$处的旋度.

解 已知 $P=2x-3y, Q=x^3+yz, R=x\cos z+z$，则

$$\text{rot}\,\boldsymbol{A}=(R_y-Q_z, P_z-R_x, Q_x-P_y)=(-y,-\cos z,3x^2+3),$$

因此
$$\text{rot}\,\boldsymbol{A}\big|_{M(1,2,0)}=(-y,-\cos z,3x^2+3)\big|_{M(1,2,0)}=(-2,-1,6).$$

习 题 4.4

1. 求矢量场 $\boldsymbol{A}(M)=-y\boldsymbol{i}+x\boldsymbol{j}+c\boldsymbol{k}$（$c$ 为常数）沿曲线 $(x-2)^2+y^2=R^2, z=0$ 正向的环量.

2. 求矢量场 $\boldsymbol{A}(M)=x(z-y)\boldsymbol{i}+y(x-z)\boldsymbol{j}+z(y-x)\boldsymbol{k}$ 在点 $M(1,0,1)$ 处的旋度及沿 $\boldsymbol{n}=2\boldsymbol{i}+6\boldsymbol{j}+3\boldsymbol{k}$ 方向的环量面密度.

3. 求矢量场 $\boldsymbol{A}(M)=(3x^2-2yz)\boldsymbol{i}+(xy^2+yz^2)\boldsymbol{j}+(xyz-3xy^2)\boldsymbol{k}$ 在点 $M(2,-1,2)$ 处沿平面 $2x+z=6$ 的上侧法线方向的环量面密度.

4. 在坐标原点处放置一点电荷 Q，在自由空间产生的电场强度为 $\boldsymbol{E}=\dfrac{Q}{4\pi\varepsilon r^3}\boldsymbol{r}$，求自由空间内任意点（$\boldsymbol{r}\neq\boldsymbol{0}$）电场强度的旋度.

5. 求下列矢量场的旋度：

(1) $\boldsymbol{A}(M)=(y+z)\boldsymbol{i}+xz\boldsymbol{j}+xy^2\boldsymbol{k}$；

(2) $\boldsymbol{A}(M)=2xyz^2\boldsymbol{i}+(2xy^2z+\cos y)\boldsymbol{j}+2x^2yz\boldsymbol{k}$.

6. 求矢量场 $\boldsymbol{A}(M)=3x^2\boldsymbol{i}+yz^2\boldsymbol{j}+xyz\boldsymbol{k}$ 在点 $M(1,-1,2)$ 的旋度.

§4.5 几个重要的矢量场

在本节我们主要介绍场论中三个重要的矢量场：有势场、管形场、调和场. 在此之前，须先说明在三维空间里单连域与复连域的概念.

(1) 如果在一个空间区域 G 内的任何一条简单闭曲线 l，都可以作出一个以 l 为边界且全部位于区域 G 内的曲面 S，则称此区域 G 为**线单连域**；否则，称为**线复连域**.

例如，空心球体、实心球体都是线单连域，而环面体则是线复连域.

(2) 如果在一个空间区域 G 内的任一简单闭曲面 S 所包围的全部点，都在区域 G 内，即 S 内无洞，称此区域 G 为**面单连域**；否则，称为**面复连域**.

例如，实心球体、环面体是面单连域，而空心球体则为面复连域.

4.5.1 有势场

定义 4.5.1 设有矢量场 $\boldsymbol{A}$，若存在单值数性函数 $u(M)$，满足

$$\mathbf{A}=\mathbf{grad}\, u, \tag{4.5.1}$$

则称此矢量场 $\mathbf{A}$ 为**有势场**. 若令 $v=-u$,则称 v 为场 $\mathbf{A}$ 的**势函数**.

由定义 4.5.1 易知,

(1)有势场是一个梯度场,势函数是一个数性函数,且有势场和势函数之间的关系为

$$\mathbf{A}=-\mathbf{grad}\, v; \tag{4.5.2}$$

(2)有势场的势函数有无穷多个,并且它们之间至多相差一个常数.

事实上,设 $\mathbf{A}$ 为矢量场,则有

$$\mathbf{A}=-\mathbf{grad}\, v,$$

再由梯度的运算法则,有

$$\mathbf{A}=-\mathbf{grad}(v+C)\quad (C\text{ 为任意常数}),$$

即 $v+C$ 都为有势场 $\mathbf{A}$ 的势函数,故势函数有无穷多个.

设 v_1, v_2 为有势场 $\mathbf{A}$ 的两个不同的势函数,由梯度运算法则有

$$\mathbf{grad}\, v_1=\mathbf{grad}\, v_2 \quad \text{或} \quad \mathbf{grad}(v_1-v_2)=\mathbf{0},$$

即有

$$v_1-v_2=C \quad \text{或} \quad v_1=v_2+C \quad (C\text{ 为任意常数}),$$

故势函数之间只相差一个常数.

但是,并不是所有的矢量场都是有势场.

定理 4.5.1 在线单连域内,矢量场 $\mathbf{A}$ 为有势场的充要条件是 $\mathbf{A}$ 为无旋场.

证明 设 $\mathbf{A}(M)=P(x,y,z)\boldsymbol{i}+Q(x,y,z)\boldsymbol{j}+R(x,y,z)\boldsymbol{k}$. 必要性.

设 $\mathbf{A}(M)$ 为有势场,由势函数定义,存在函数 $u(x,y,z)$,满足 $\mathbf{A}=\mathbf{grad}\, u$,即有

$$P=\frac{\partial u}{\partial x}, Q=\frac{\partial u}{\partial y}, R=\frac{\partial u}{\partial z},$$

按照之前的规定,函数 P,Q,R 具有一阶连续偏导数,即 u 具有二阶连续偏导数,故有

$$R_y-Q_z=\frac{\partial^2 u}{\partial z\partial y}-\frac{\partial^2 u}{\partial y\partial z}=0,$$

$$P_z-R_x=\frac{\partial^2 u}{\partial x\partial z}-\frac{\partial^2 u}{\partial z\partial x}=0,$$

$$Q_x-P_y=\frac{\partial^2 u}{\partial y\partial x}-\frac{\partial^2 u}{\partial x\partial y}=0,$$

故有 $\mathrm{rot}\,\mathbf{A}=\mathbf{0}$.

充分性.

设 $\mathbf{A}$ 为无旋场,即有 $\mathrm{rot}\,\mathbf{A}=\mathbf{0}$,由式(4.4.14)知,

$$\oint_l \boldsymbol{A}\cdot \mathrm{d}\boldsymbol{l} = \iint_S (\mathrm{rot}\ \boldsymbol{A})\cdot \mathrm{d}\boldsymbol{S} = 0.$$

即对场 **A** 中任意封闭曲线 l 都有上式成立，由高等数学中曲线积分与路径无关的等价条件知，上式等价于 $\int_{\widehat{M_0M}} \boldsymbol{A}\cdot \mathrm{d}\boldsymbol{l}$ 与路径无关，而只与积分的起点 $M_0(x_0,y_0,z_0)$ 和终点 $M(x,y,z)$ 有关，当起点 M_0 固定后，$\int_{\widehat{M_0M}} \boldsymbol{A}\cdot \mathrm{d}\boldsymbol{l}$ 就是终点 M 的函数了，将此函数记作 $u(x,y,z)$，即

$$u(x,y,z) = \int_{(x_0,y_0,z_0)}^{(x,y,z)} P\mathrm{d}x + Q\mathrm{d}y + R\mathrm{d}z. \tag{4.5.3}$$

接下来证明这个函数 $u(x,y,z)$ 就是场 **A** 中满足 $\boldsymbol{A}=\mathbf{grad}\ u$ 的函数，即要证明

$$\frac{\partial u}{\partial x}=P,\frac{\partial u}{\partial y}=Q,\frac{\partial u}{\partial z}=R.$$

首先证明 $\frac{\partial u}{\partial x}=P$，因此把 y,z 视为常量，给变量 x 一个增量 Δx，从而得到函数 u 从点 $M(x,y,z)$ 到点 $N(x+\Delta x,y,z)$ 的偏增量

$$\begin{aligned}\Delta u &= u(N) - u(M)\\ &= \int_{M_0}^{N} \boldsymbol{A}\cdot \mathrm{d}\boldsymbol{l} - \int_{M_0}^{M} \boldsymbol{A}\cdot \mathrm{d}\boldsymbol{l}\\ &= \int_{M}^{N} \boldsymbol{A}\cdot \mathrm{d}\boldsymbol{l}\\ &= \int_{(x,y,z)}^{(x+\Delta x,y,z)} P\mathrm{d}x + Q\mathrm{d}y + R\mathrm{d}z,\end{aligned}$$

由于积分与路径无关，所以上式积分路径取直线段 MN，y,z 为常数，由积分中值定理得

$$\frac{\partial u}{\partial x}=\lim_{\Delta x\to 0}\frac{\Delta u}{\Delta x}=\lim_{\Delta x\to 0}\frac{P(x+\theta\Delta x,y,z)\cdot\Delta x}{\Delta x}=P(x,y,z)\quad(0<\theta<1),$$

同理可证

$$\frac{\partial u}{\partial y}=Q,\quad \frac{\partial u}{\partial z}=R.$$

即

$$\boldsymbol{A}=\mathbf{grad}\ u.$$

定义 4.5.2　将式(4.5.3)中的函数 u 称为表达式 $\boldsymbol{A}\cdot\mathrm{d}\boldsymbol{l}=P\mathrm{d}x+Q\mathrm{d}y+R\mathrm{d}z$ 的**原函数**，或者称 $\boldsymbol{A}\cdot\mathrm{d}\boldsymbol{l}=P\mathrm{d}x+Q\mathrm{d}y+R\mathrm{d}z$ 是某函数 u 的**全微分**.

上述定理的证明过程也为我们提供了寻找势函数 v 的方法，即在场 **A** 中选定起点 $M_0(x_0,y_0,z_0)$，用式(4.5.3)即

$$u(x,y,z)=\int_{(x_0,y_0,z_0)}^{(x,y,z)} P\mathrm{d}x+Q\mathrm{d}y+R\mathrm{d}z$$

计算得到函数 u,再取 $v=-u+C$ 就是所求势函数.

势函数有无穷多个,且至多差一个常数,作逐段平行于坐标轴的折线作为积分路径,如图 4-5-1 所示,此时

$$\begin{aligned}u(x,y,z)&=\int_{(x_0,y_0,z_0)}^{(x,y,z)} P\mathrm{d}x+Q\mathrm{d}y+R\mathrm{d}z,\\&=\int_{x_0}^{x} P(x,y_0,z_0)\mathrm{d}x+\int_{y_0}^{y} Q(x,y,z_0)\mathrm{d}y+\int_{z_0}^{z} R(x,y,z)\mathrm{d}z.\end{aligned}\qquad(4.5.4)$$

为了方便,我们通常选取原点 O 作为起点.

综上所述,在线单连区域内,以下四个概念等价,即

(1)矢量场 $\mathbf{A}$ 无旋;

(2)矢量场 $\mathbf{A}$ 有势;

(3)u 为 $\mathbf{A}\cdot\mathrm{d}\boldsymbol{l}$ 的原函数;

(4)曲线积分 $\int_{\widehat{M_0M}}\mathbf{A}\cdot\mathrm{d}\boldsymbol{l}$ 与路径无关.

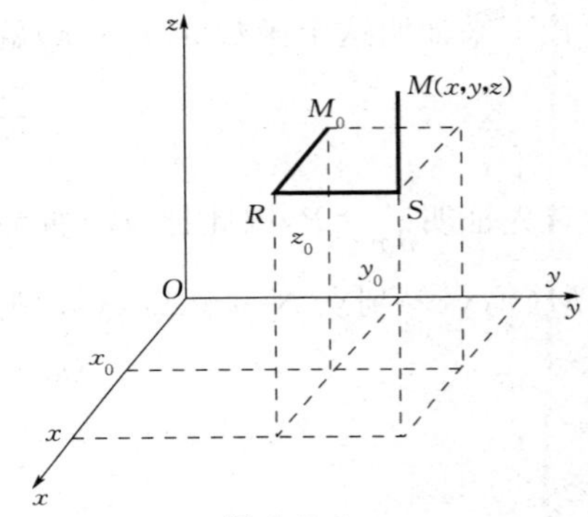

图 4-5-1

例 1 证明矢量场 $\mathbf{A}=2xz\boldsymbol{i}+2yz^2\boldsymbol{j}+(x^2+2y^2z-1)\boldsymbol{k}$ 为有势场,并求其势函数.

解 已知 $P=2xz,Q=2yz^2,R=x^2+2y^2z-1$,则

$$\mathrm{rot}\,\mathbf{A}=(R_y-Q_z,P_z-R_x,Q_x-P_y)=\mathbf{0}.$$

故 $\mathbf{A}$ 为有势场,所以 $\mathbf{A}\cdot\mathrm{d}\boldsymbol{l}$ 存在原函数 u,且

$$\begin{aligned}u&=\int_0^x 0\mathrm{d}x+\int_0^y 0\mathrm{d}y+\int_0^z (x^2+2y^2z-1)\mathrm{d}z\\&=x^2z+y^2z^2-z,\end{aligned}$$

故势函数
$$v=-u=-x^2z-y^2z^2+z+C.$$

例 2 已知矢量场 $\mathbf{A}=(6xy+z^3)\boldsymbol{i}+(3x^2-z)\boldsymbol{j}+(3xz^2-y)\boldsymbol{k}$,计算积分 $\int_l\mathbf{A}\cdot\mathrm{d}\boldsymbol{l}$,其中 l 是从 $A(4,0,1)$ 到 $B(2,1,-1)$ 的任一路径.

解 已知 $P=6xy+z^3,Q=3x^2-z,R=3xz^2-y$,则

$$\mathrm{rot}\,\mathbf{A}=(R_y-Q_z,P_z-R_x,Q_x-P_y)=\mathbf{0}.$$

故 $\mathbf{A}$ 为有势场,因此 $\mathbf{A}\cdot\mathrm{d}\boldsymbol{l}$ 存在原函数 u,由式(4.5.4)得

$$u=\int_0^x 0\mathrm{d}x+\int_0^y 3x^2\mathrm{d}y+\int_0^z (3xz^2-y)\mathrm{d}z$$

$$=3x^2y+xz^3-yz,$$

因此
$$\int_l \boldsymbol{A}\cdot \mathrm{d}\boldsymbol{l} = 3x^2y + xz^3 - yz \Big|_{(4,0,1)}^{(2,1,-1)} = 7.$$

4.5.2　管形场

定义 4.5.3　设有矢量场 $\boldsymbol{A}$，若 $\mathrm{div}\,\boldsymbol{A}\equiv 0$，则称此矢量场为**管形场**.

由定义易知，管形场实际上就是一个无源场，且管形场有如下性质：

定理 4.5.2　设管形场 $\boldsymbol{A}$ 所在的空间区域为一面单连域，在场中任取一个矢量管，设 S_1,S_2 是它的两个任意横截面，其法矢量 $\boldsymbol{n}_1,\boldsymbol{n}_2$ 都朝向矢量 $\boldsymbol{A}$ 所指的一侧，如图 4-5-2所示，则有

$$\iint_{S_1}\boldsymbol{A}\cdot \mathrm{d}\boldsymbol{S} = \iint_{S_2}\boldsymbol{A}\cdot \mathrm{d}\boldsymbol{S}. \tag{4.5.5}$$

证明　设 S 为由两截面 S_1,S_2，及两截面之间的一段矢量管面 S_3 所围成的一个封闭曲面，如图 4-5-2 所示，由高斯公式，

$$\oiint_S \boldsymbol{A}\cdot \mathrm{d}\boldsymbol{S} = \iiint_\Omega \mathrm{div}\,\boldsymbol{A}\mathrm{d}V = 0,$$

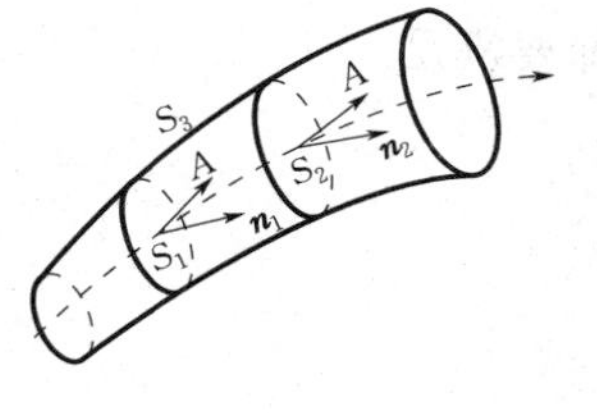

图 4-5-2

即

$$\iint_{S_1} A_n \mathrm{d}S + \iint_{S_2} A_n \mathrm{d}S + \iint_{S_3} A_n \mathrm{d}S = 0,$$

其中，A_n 表示 $\boldsymbol{A}$ 在闭曲面 S 上的外向法矢量 $\boldsymbol{n}$ 方向上的投影，因此有

$$\iint_{S_1}\boldsymbol{A}\cdot(-\boldsymbol{n}_1)\mathrm{d}S + \iint_{S_2}\boldsymbol{A}\cdot\boldsymbol{n}_2\mathrm{d}S + \iint_{S_3}\boldsymbol{A}\cdot\boldsymbol{n}_3\mathrm{d}S = 0,$$

其中，$\boldsymbol{n}_3$ 为曲面 S_3 的外向法矢量，注意到矢量 $\boldsymbol{A}$ 是与矢量线相切的，所以 $\boldsymbol{A}$ 与法矢量 $\boldsymbol{n}_3$ 的夹角为直角，故有 $\iint_{S_3}\boldsymbol{A}\cdot\boldsymbol{n}_3\mathrm{d}S = 0$. 因此有

$$\iint_{S_1}\boldsymbol{A}\cdot(-\boldsymbol{n}_1)\mathrm{d}S + \iint_{S_2}\boldsymbol{A}\cdot\boldsymbol{n}_2\mathrm{d}S = 0,$$

即

$$\iint_{S_1}\boldsymbol{A}\cdot \mathrm{d}\boldsymbol{S} = \iint_{S_2}\boldsymbol{A}\cdot \mathrm{d}\boldsymbol{S}.$$

此定理说明，虽然管形场散度处处为零，但仍然存在矢量线. 例如，磁场中任一点的散度处处为零，但存在磁力线，且是闭合曲线.

以流速场 $\boldsymbol{v}$ 为例. 若有 $\mathrm{div}\,\boldsymbol{v}\equiv 0$，由上述定理知，流入同一个矢量管所有横截面的流量都是相等的，为一个常数，称其为此矢量管的**强度**. 就好像水管中流入的水等于流出的水一样，管形场因此得名.

定理 4.5.3 在面单连域内矢量场 $\boldsymbol{A}$ 为管形场的充要条件是它为另一个矢量场 $\boldsymbol{B}$ 的旋度场，即

$$\boldsymbol{A}=\mathrm{rot}\ \boldsymbol{B}. \tag{4.5.6}$$

证明 充分性.

设 $\boldsymbol{A}=\mathrm{rot}\ \boldsymbol{B}$，则由旋度运算的基本公式有

$$\mathrm{div}(\mathrm{rot}\ \boldsymbol{B})=0,$$

即有

$$\mathrm{div}\ \boldsymbol{A}=0,$$

即矢量场 $\boldsymbol{A}$ 为管形场.

必要性.

设 $\boldsymbol{A}=(P,Q,R)$ 为管形场，现在证明存在矢量场 $\boldsymbol{B}=(U,V,W)$，满足

$$\mathrm{rot}\ \boldsymbol{B}=\boldsymbol{A},$$

即要满足

$$\begin{cases}\dfrac{\partial W}{\partial y}-\dfrac{\partial V}{\partial z}=P\\ \dfrac{\partial U}{\partial z}-\dfrac{\partial W}{\partial x}=Q,\\ \dfrac{\partial V}{\partial x}-\dfrac{\partial U}{\partial y}=R\end{cases}$$

这样的 $\boldsymbol{B}$ 的存在是肯定的，如

$$\begin{cases}U=C\quad (C\text{ 为任意常数})\\ V=\displaystyle\int_{x_0}^{x}R(x,y,z)\mathrm{d}x\\ W=\displaystyle\int_{y_0}^{y}P(x,y,z)\mathrm{d}y-\int_{x_0}^{x}Q(x,y_0,z)\mathrm{d}x\end{cases}. \tag{4.5.7}$$

称满足定理中式(4.5.7)中的矢量 $\boldsymbol{B}$ 为矢量场 $\boldsymbol{A}$ 的**矢势量**.

为了方便，我们通常取原点 O 作为起点.

例 3 证明存在矢量场 $\boldsymbol{B}$，使得 $\mathrm{rot}\ \boldsymbol{B}=y^2\boldsymbol{i}+z^2\boldsymbol{j}+x^2\boldsymbol{k}$，并求出 $\boldsymbol{B}$.

证明 设 $\boldsymbol{A}=y^2\boldsymbol{i}+z^2\boldsymbol{j}+x^2\boldsymbol{k}$，则

$$\mathrm{div}\ \boldsymbol{A}=0,$$

故 $\boldsymbol{A}$ 为管形场，所以存在矢势量 $\boldsymbol{B}$，使得

$$\mathrm{rot}\ \boldsymbol{B}=\boldsymbol{A},$$

设 $\boldsymbol{B}=(U,V,W)$，由式(4.5.7)，得

$$\begin{cases} U = C \quad (C\text{ 为任意常数}) \\ V = -\int_0^x x^2 \mathrm{d}x = \frac{1}{3}x^3 \\ W = \int_0^y y^2 \mathrm{d}y - \int_0^x z^2 \mathrm{d}x = \frac{1}{3}y^3 - xz^2 \end{cases},$$

即得到

$$B = C\,\boldsymbol{i} + \frac{1}{3}x^3\boldsymbol{j} + \left(\frac{1}{3}y^3 - xz^2\right)\boldsymbol{k}.$$

4.5.3　调和场

调和场分为空间调和场和平面调和场，它们的相关概念完全类似，但与空间调和场比较，平面调和场具有某些特殊性质.

定义 4.5.4　若在矢量场 $\boldsymbol{A}$ 中恒有 $\mathrm{div}\,\boldsymbol{A}=0$ 与 $\mathrm{rot}\,\boldsymbol{A}=\boldsymbol{0}$，则称 $\boldsymbol{A}$ 为**调和场**. 即调和场是既无源又无旋的矢量场. 调和场在物理中有广泛的应用背景. 例如，位于坐标原点的点电荷 Q 产生的静电场中，电位移矢量 $\boldsymbol{D}$ 和电场强度 $\boldsymbol{E}$ 在除点电荷所在的原点的区域内都是调和场.

1. 空间调和场

定义 4.5.5　若函数 u 具有二阶连续偏导数，且满足 Laplace 方程，即

$$\frac{\partial^2 u}{\partial x^2} + \frac{\partial^2 u}{\partial y^2} + \frac{\partial^2 u}{\partial z^2} = 0,$$

则称函数 u 为**调和函数**.

定理 4.5.4　若矢量场 $\boldsymbol{A}$ 是一个调和场，则一定存在该调和场中的调和函数 u.

证明　因为矢量场 $\boldsymbol{A}$ 是一个调和场，所以有

$$\mathrm{rot}\,\boldsymbol{A} = \boldsymbol{0},$$

因此存在函数 u，满足

$$\boldsymbol{A} = \mathbf{grad}\,u,$$

按调和场定义，又有 $\mathrm{div}\,\boldsymbol{A}=0$，所以有

$$\mathrm{div}(\mathbf{grad}\,u) = 0,$$

即

$$\mathrm{div}\left(\frac{\partial u}{\partial x}\boldsymbol{i} + \frac{\partial u}{\partial y}\boldsymbol{j} + \frac{\partial u}{\partial z}\boldsymbol{k}\right) = 0,$$

即有

$$\frac{\partial^2 u}{\partial x^2} + \frac{\partial^2 u}{\partial y^2} + \frac{\partial^2 u}{\partial z^2} = 0. \tag{4.5.8}$$

因此 u 就是此调和场的一个调和函数. 且调和函数有无穷多个，从式(4.5.8)容易看

出，势函数 $v=-u$ 也是调和场的调和函数.

由于调和场 $\boldsymbol{A}$ 是一个无旋场，所以调和函数 u 的求法可以按照公式(4.5.4)求出.

例 4 证明矢量场 $\boldsymbol{A}=yz\boldsymbol{i}+zx\boldsymbol{j}+xy\boldsymbol{k}$ 为调和场，并求出该场的一个调和函数和矢势量.

证明 因为

$$\mathrm{div}\,\boldsymbol{A}=0+0+0=0,$$

$$\mathrm{rot}\,\boldsymbol{A}=(x-x)\boldsymbol{i}+(y-y)\boldsymbol{j}+(z-z)\boldsymbol{k}=\boldsymbol{0},$$

故 $\boldsymbol{A}$ 为调和场，所以存在场 $\boldsymbol{A}$ 的一个调和函数和矢势量.

已知 $P=yz,Q=zx,R=xy$，则

$$\begin{aligned}u(x,y,z)&=\int_0^x P(x,0,0)\mathrm{d}x+\int_0^y Q(x,y,0)\mathrm{d}y+\int_0^z R(x,y,z)\mathrm{d}z\\&=\int_0^z xy\,\mathrm{d}z=xyz.\end{aligned}$$

由于调和场 $\boldsymbol{A}$ 也为无源场，故存在矢势量 $\boldsymbol{B}$，设 $\boldsymbol{B}=(U,V,W)$，由式(4.5.7)，得

$$\begin{cases}U=0\\V=\displaystyle\int_0^x xy\,\mathrm{d}x=\frac{1}{2}x^2y\\W=\displaystyle\int_0^y yz\,\mathrm{d}y-\int_0^x zx\,\mathrm{d}x=\frac{1}{2}y^2z-\frac{1}{2}x^2z\end{cases},$$

即得到一个矢势量

$$\boldsymbol{B}=\frac{1}{2}[x^2y\boldsymbol{j}+z(y^2-x^2)\boldsymbol{k}].$$

2. 平面调和场

定理 4.5.5 平面调和场 $\boldsymbol{A}=P(x,y)\boldsymbol{i}+Q(x,y)\boldsymbol{j}$ 的两个坐标 $P(x,y)$ 和 $Q(x,y)$ 满足

$$\frac{\partial P}{\partial y}=\frac{\partial Q}{\partial x},\frac{\partial P}{\partial x}=-\frac{\partial Q}{\partial y}.$$

证明 因为 $\boldsymbol{A}$ 为平面调和场，所以有 $\mathrm{div}\,\boldsymbol{A}=0$ 与 $\mathrm{rot}\,\boldsymbol{A}=\boldsymbol{0}$，即

$$\mathrm{rot}\,\boldsymbol{A}=\left(\frac{\partial Q}{\partial x}-\frac{\partial P}{\partial y}\right)\boldsymbol{k}=\boldsymbol{0}\quad\text{或}\quad\frac{\partial Q}{\partial x}-\frac{\partial P}{\partial y}=0\tag{4.5.9}$$

及

$$\mathrm{div}\,\boldsymbol{A}=\frac{\partial P}{\partial x}+\frac{\partial Q}{\partial y}=0.\tag{4.5.10}$$

由式(4.5.9)和式(4.5.10)，即有

$$\frac{\partial P}{\partial y}=\frac{\partial Q}{\partial x},\quad \frac{\partial P}{\partial x}=-\frac{\partial Q}{\partial y}.$$

另外，因为 rot $\boldsymbol{A}=\boldsymbol{0}$，所以存在函数 v，满足

$$-\mathbf{grad}\ v=\boldsymbol{A}=(P,Q),$$

即有

$$-\frac{\partial v}{\partial x}=P,-\frac{\partial v}{\partial y}=Q, \tag{4.5.11}$$

又因为 div $\boldsymbol{A}=0$，所以由式(4.5.10)，有

$$\frac{\partial P}{\partial x}+\frac{\partial Q}{\partial y}=0,$$

此式表明存在这样一个矢量场 $\boldsymbol{B}=-Q(x,y)\boldsymbol{i}+P(x,y)\boldsymbol{j}$，它的旋度为

$$\text{rot}\ \boldsymbol{B}=\left[\frac{\partial P}{\partial x}-\frac{\partial(-Q)}{\partial y}\right]\boldsymbol{k}=\boldsymbol{0},$$

即表明矢量场 $\boldsymbol{B}$ 为有势场，故存在函数 u，满足 $\mathbf{grad}\ u=\boldsymbol{B}$，即

$$\frac{\partial u}{\partial x}=-Q,\quad \frac{\partial u}{\partial y}=P, \tag{4.5.12}$$

称函数 u 为平面调和场 $\boldsymbol{B}$ 的**力函数**，比较式(4.5.11)和式(4.5.12)，有

$$\frac{\partial u}{\partial x}=\frac{\partial v}{\partial y},\quad \frac{\partial u}{\partial y}=-\frac{\partial v}{\partial x}, \tag{4.5.13}$$

因为平面调和场的力函数 u 和势函数 v 在平面调和场中满足 Laplace 方程，即

$$\frac{\partial^2 u}{\partial x^2}+\frac{\partial^2 u}{\partial y^2}=0 \quad 与 \quad \frac{\partial^2 v}{\partial x^2}+\frac{\partial^2 v}{\partial y^2}=0.$$

由此看出，势函数 v 和力函数 u 都为平面调和场的调和函数，又因为二者有式(4.5.13)的联系，称它们为**共轭调和函数**，根据此条件，可以从 v 和 u 中的一个求出另一个.

例 5　判断矢量场 $\boldsymbol{A}=(x^2-y^2+x)\boldsymbol{i}-(2xy+y)\boldsymbol{j}$ 是否为平面调和场. 若是，求其一个力函数 u 和势函数 v.

解　令 $P=x^2-y^2+x,Q=2xy+y$，因为

$$\text{div}\ \boldsymbol{A}=\frac{\partial P}{\partial x}+\frac{\partial Q}{\partial y}=2x+1-2x-1=0,$$

$$\text{rot}\ \boldsymbol{A}=\left(\frac{\partial Q}{\partial x}-\frac{\partial P}{\partial y}\right)\boldsymbol{k}=(-2y+2y)\boldsymbol{k}=\boldsymbol{0},$$

所以该场是平面调和场.

一个势函数为

$$v(x,y)=-\int_0^x P(x,0)\mathrm{d}x-\int_0^y Q(x,y)\mathrm{d}y$$
$$=-\int_0^x (x^2+x)\mathrm{d}x+\int_0^y (2xy+y)\mathrm{d}y$$
$$=-\frac{x^3}{3}-\frac{x^2}{2}+xy^2+\frac{y^2}{2},$$

由式(4.5.13)，$\frac{\partial u}{\partial x}=\frac{\partial v}{\partial y}=2xy+y$，所以有

$$u=\int(2xy+y)\mathrm{d}x=x^2y+xy+\varphi(y),$$

再由$\frac{\partial u}{\partial y}=-\frac{\partial v}{\partial x}$，得

$$x^2+x+\varphi'(y)=x^2+x-y^2,$$
$$\varphi(y)=-\frac{y^3}{3}+C \quad (C\text{为任意常数}),$$

所以力函数

$$u=x^2y+xy-\frac{y^3}{3}+C.$$

定义 4.5.6 在平面矢量场中，称力函数 u 和势函数 v 的等值线

$$u(x,y)=C_1 \quad 与 \quad v(x,y)=C_2$$

为矢量场的**力线**和**等势线**.

由定义 4.5.6 可以得到，力线的斜率为 $k_1=-\frac{u_x}{u_y}=\frac{Q}{P}$，$k_2=-\frac{v_x}{v_y}=-\frac{P}{Q}$，所以 $k_1\cdot k_2=-1$，即力线和等势线是正交的.

例 6 位于坐标原点的点电荷 Q 所产生的平面静电场中，电场强度为 $E=\frac{Q}{2\pi\varepsilon r^2}\boldsymbol{r}$，其中 $\boldsymbol{r}=x\boldsymbol{i}+y\boldsymbol{j}$，$r=|\boldsymbol{r}|$，证明除点电荷所在的原点外，$E$ 是一个平面调和场，并求出力线和等势线(等位线).

解 因为

$$E=\frac{Q}{2\pi\varepsilon r^2}\boldsymbol{r}=\frac{Q}{2\pi\varepsilon}\frac{(x\boldsymbol{i}+y\boldsymbol{j})}{(x^2+y^2)}=\frac{Qx}{2\pi\varepsilon(x^2+y^2)}\boldsymbol{i}+\frac{Qy}{2\pi\varepsilon(x^2+y^2)}\boldsymbol{j},$$

所以容易验证 div $\boldsymbol{E}=0$ 和 rot $\boldsymbol{E}=\boldsymbol{0}$.

其一个势函数为

$$v(x,y)=-\int_{x_0}^x P(x,x_0)\mathrm{d}x-\int_{y_0}^y Q(x,y)\mathrm{d}y$$
$$=-\frac{Q}{2\pi\varepsilon}\left(\int_{x_0}^x \frac{x}{x^2+y_0^2}\mathrm{d}x+\int_{y_0}^y \frac{y}{x^2+y^2}\right)\mathrm{d}y$$

$$= \frac{Q}{4\pi\varepsilon}\ln\frac{x_0^2+y_0^2}{x^2+y^2},$$

其力函数为

$$u(x,y)=\frac{Q}{2\pi\varepsilon}\left(-\int_{x_0}^{x}\frac{y_0}{x^2+y_0^2}\mathrm{d}x+\int_{y_0}^{y}\frac{x}{x^2+y^2}\right)\mathrm{d}y$$

$$=\frac{Q}{2\pi\varepsilon}\left(\arctan\frac{y}{x}+\arctan\frac{x_0}{y_0}-\frac{\pi}{2}\right),$$

经过化简,场的等势线和力线分别为

$$x^2+y^2=C_1,\quad \frac{y}{x}=C_2.$$

等势线是以原点为中心的一族同心圆,力线是从原点发出的一族射线,并且这两族曲线是正交的,如图 4-5-3 所示.

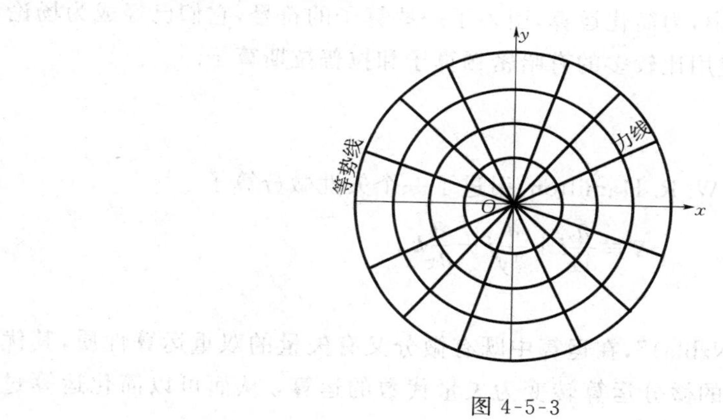

图 4-5-3

习　题　4.5

1. 验证下列矢量场为有势场,并求其势函数.

(1)$\boldsymbol{A}(M)=(3x^2-6xy)\boldsymbol{i}+(3y^2-3x^2)\boldsymbol{j}$;

(2)$\boldsymbol{A}(M)=(yz+2xy)\boldsymbol{i}+(xz+x^2+2yz)\boldsymbol{j}+(xy+y^2)\boldsymbol{k}$.

2. 下列矢量场是否为保守场?若是,求曲线积分 $\int_l \boldsymbol{A}\cdot\mathrm{d}\boldsymbol{l}$,l 的起点为 $A(1,0,1)$,终点为 $B(3,-2,-1)$:

(1)$\boldsymbol{A}(M)=(2x+z^2)\boldsymbol{i}+z\boldsymbol{j}+(y+2xz)\boldsymbol{k}$;

(2)$\boldsymbol{A}(M)=(x+y+z)(\boldsymbol{i}+\boldsymbol{j}+\boldsymbol{k})$.

3. 验证矢量场 $\boldsymbol{A}(M)=(2z-3y)\boldsymbol{i}+(3x+y)\boldsymbol{j}-(z+2x)\boldsymbol{k}$ 为管形场,并求其一个

矢势量.

4. 设 S 为区域 Ω 的边界曲面,$\boldsymbol{n}$ 为 S 的向外单位法向量,在区域上函数 $f(x,y,z)$ 具有二阶连续偏导数,证明 $\oiint\limits_S \frac{\partial f}{\partial n}\mathrm{d}S = \iiint\limits_\Omega \Delta f\mathrm{d}v\left(\Delta\text{ 表示}\frac{\partial}{\partial x^2}+\frac{\partial}{\partial y^2}+\frac{\partial}{\partial z^2}\right)$.

5. 证明矢量场 $\boldsymbol{A}(M)=6xyz\boldsymbol{i}+(3x^2z-z^3)\boldsymbol{j}+(3x^2y-3yz^2)\boldsymbol{k}$ 是调和场,求出势函数和矢势量各一个,并验证势函数满足调和方程.

§4.6 哈密顿算子和拉普拉斯算子

在磁场和和电场理论中,为简化运算,引入了一些算子的符号,它们已经成为场论分析中不可缺少的工具,应用比较多的有哈密顿算子和拉普拉斯算子.

4.6.1 哈密顿算子

定义 4.6.1 哈密顿(W. R. Hamilton)引进了一个矢性微分算子

$$\nabla\equiv\frac{\partial}{\partial x}\boldsymbol{i}+\frac{\partial}{\partial y}\boldsymbol{j}+\frac{\partial}{\partial z}\boldsymbol{k},$$

称为**哈密顿算子**或**∇算子**.

记号∇读作"那勃勒(Nzbla)",在运算中既有微分又有矢量的双重运算性质,其优点在于可以把对矢量函数的微分运算转变为矢量代数的运算,从而可以简化运算过程,并且推导简明扼要,易于掌握.

其运算规则为

$$\nabla u=\left(\frac{\partial}{\partial x}\boldsymbol{i}+\frac{\partial}{\partial y}\boldsymbol{j}+\frac{\partial}{\partial z}\boldsymbol{k}\right)u=\frac{\partial u}{\partial x}\boldsymbol{i}+\frac{\partial u}{\partial y}\boldsymbol{j}+\frac{\partial u}{\partial z}\boldsymbol{k},$$

$$\begin{aligned}\nabla\cdot\boldsymbol{A}&=\left(\frac{\partial}{\partial x}\boldsymbol{i}+\frac{\partial}{\partial y}\boldsymbol{j}+\frac{\partial}{\partial z}\boldsymbol{k}\right)\cdot(A_x\cdot\boldsymbol{i}+A_y\cdot\boldsymbol{j}+A_z\cdot\boldsymbol{k})\\&=\frac{\partial A_x}{\partial x}+\frac{\partial A_y}{\partial y}+\frac{\partial A_z}{\partial z},\end{aligned}$$

$$\begin{aligned}\nabla\times\boldsymbol{A}&=\left(\frac{\partial}{\partial x}\boldsymbol{i}+\frac{\partial}{\partial y}\boldsymbol{j}+\frac{\partial}{\partial z}\boldsymbol{k}\right)\times(A_x\cdot\boldsymbol{i}+A_y\cdot\boldsymbol{j}+A_z\cdot\boldsymbol{k})\\&=\left(\frac{\partial A_x}{\partial y}-\frac{\partial A_y}{\partial z}\right)\boldsymbol{i}+\left(\frac{\partial A_x}{\partial z}-\frac{\partial A_z}{\partial x}\right)\boldsymbol{j}+\left(\frac{\partial A_y}{\partial x}-\frac{\partial A_x}{\partial y}\right)\boldsymbol{k}\end{aligned}$$

$$=\begin{vmatrix} \boldsymbol{i} & \boldsymbol{j} & \boldsymbol{k} \\ \frac{\partial}{\partial x} & \frac{\partial}{\partial y} & \frac{\partial}{\partial z} \\ A_x & A_y & A_z \end{vmatrix},$$

前面讲过的梯度、散度和旋度都可以用▽算子表示为

$$\mathbf{grad}\ u=\boldsymbol{\nabla} u,\quad \mathbf{div}\ \boldsymbol{A}=\nabla \cdot \boldsymbol{A},\quad \mathbf{rot}\ \boldsymbol{A}=\nabla \times \boldsymbol{A}.$$

例 1　已知矢量场 $\boldsymbol{A}=xz^3\boldsymbol{i}-2x^2yz\boldsymbol{j}+2yz^4\boldsymbol{k}$,求在点 $M(1,2,1)$ 处的 $\boldsymbol{\nabla}\times\boldsymbol{A}$.

解　已知 $P=xz^3, Q=-2x^2yz, R=2yz^4$，,则有

$$\boldsymbol{\nabla}\times\boldsymbol{A}=\begin{vmatrix} \boldsymbol{i} & \boldsymbol{j} & \boldsymbol{k} \\ \frac{\partial}{\partial x} & \frac{\partial}{\partial y} & \frac{\partial}{\partial z} \\ P & Q & R \end{vmatrix}$$

$$=(R_y-Q_z, P_z-R_x, Q_x-P_y)$$

$$=(2z^4+2x^2y, 3xz^2, -4xyz-0),$$

$$\boldsymbol{\nabla}\times\boldsymbol{A}\big|_{M(1,2,1)}=(6,3,-8).$$

除此之外,与▽算子相关的一些公式也可以用它表示.

用▽算子表示的一些常见公式如下:

(1) $\boldsymbol{\nabla}(cu)=c\boldsymbol{\nabla}u$($c$ 为常数),

(2) $\boldsymbol{\nabla}\cdot(c\boldsymbol{A})=c\boldsymbol{\nabla}\cdot\boldsymbol{A}$($c$ 为常数),

(3) $\boldsymbol{\nabla}\times(c\boldsymbol{A})=c\boldsymbol{\nabla}\times\boldsymbol{A}$($c$ 为常数),

(4) $\boldsymbol{\nabla}(u\pm v)=\boldsymbol{\nabla}u\pm\boldsymbol{\nabla}v$,

(5) $\boldsymbol{\nabla}\cdot(\boldsymbol{A}\pm\boldsymbol{B})=\boldsymbol{\nabla}\cdot\boldsymbol{A}\pm\boldsymbol{\nabla}\cdot\boldsymbol{B}$,

(6) $\boldsymbol{\nabla}\times(\boldsymbol{A}\pm\boldsymbol{B})=\boldsymbol{\nabla}\times\boldsymbol{A}\pm\boldsymbol{\nabla}\times\boldsymbol{B}$,

(7) $\boldsymbol{\nabla}\cdot(u\boldsymbol{c})=\boldsymbol{\nabla}u\cdot\boldsymbol{c}$($\boldsymbol{c}$ 为常矢),

(8) $\boldsymbol{\nabla}\times(u\boldsymbol{c})=\boldsymbol{\nabla}u\cdot\boldsymbol{c}$($\boldsymbol{c}$ 为常矢),

(9) $\boldsymbol{\nabla}(uv)=u\boldsymbol{\nabla}v+v\boldsymbol{\nabla}u$,

(10) $\boldsymbol{\nabla}\cdot(u\boldsymbol{A})=u\boldsymbol{\nabla}\cdot\boldsymbol{A}+\boldsymbol{\nabla}u\cdot\boldsymbol{A}$,

(11) $\boldsymbol{\nabla}\times(u\boldsymbol{A})=u\boldsymbol{\nabla}\times\boldsymbol{A}+\boldsymbol{\nabla}u\times\boldsymbol{A}$,

(12) $\boldsymbol{\nabla}(\boldsymbol{A}\cdot\boldsymbol{B})=\boldsymbol{A}\times(\boldsymbol{\nabla}\times\boldsymbol{B})+(\boldsymbol{A}\cdot\boldsymbol{\nabla})\boldsymbol{B}+\boldsymbol{B}\times(\boldsymbol{\nabla}\times\boldsymbol{A})+(\boldsymbol{B}\cdot\boldsymbol{\nabla})\boldsymbol{A}$,

(13)$\nabla\cdot(\boldsymbol{A}\times\boldsymbol{B})=\boldsymbol{B}\cdot(\nabla\times\boldsymbol{A})-\boldsymbol{A}\cdot(\nabla\times\boldsymbol{B})$,

(14)$\nabla\times(\boldsymbol{A}\times\boldsymbol{B})=(\boldsymbol{B}\cdot\nabla)-(\boldsymbol{A}\cdot\nabla)\boldsymbol{B}-\boldsymbol{B}(\nabla\cdot\boldsymbol{A})+\boldsymbol{A}(\nabla\cdot\boldsymbol{B})$,

(15)$\nabla\times(\nabla u)=\boldsymbol{0}$,

(16)$\nabla\cdot(\nabla\times\boldsymbol{A})=0$,

在下面的公式中 $\boldsymbol{r}=x\boldsymbol{i}+y\boldsymbol{j}+z\boldsymbol{k}$, $r=|\boldsymbol{r}|$,

(17)$\nabla r=\dfrac{\boldsymbol{r}}{r}=\boldsymbol{r}^{\circ}$,

(18)$\nabla\cdot\boldsymbol{r}=3$,

(19)$\nabla\times\boldsymbol{r}=\boldsymbol{0}$,

(20)$\nabla f(u)=f'(u)\nabla u$,

(21)$\nabla f(u,v)=\dfrac{\partial f}{\partial u}\nabla u+\dfrac{\partial f}{\partial v}\nabla v$,

(22)$\nabla f(r)=\dfrac{f'(r)}{r}\boldsymbol{r}=f'(r)\boldsymbol{r}^{\circ}$,

(23)$\nabla\times[f(r)\boldsymbol{r}]=\boldsymbol{0}$,

(24)$\nabla\times(r^{-3}\boldsymbol{r})=\boldsymbol{0}(r\neq0)$,

(25)高斯公式 $\displaystyle\oiint_S\boldsymbol{A}\cdot\mathrm{d}\boldsymbol{S}=\iiint_\Omega(\nabla\cdot\boldsymbol{A})\mathrm{d}V$,

(26)斯托克斯公式 $\displaystyle\oint_l\boldsymbol{A}\cdot\mathrm{d}\boldsymbol{l}=\iint_S(\nabla\times\boldsymbol{A})\cdot\mathrm{d}\boldsymbol{S}$.

上面的公式(1)至(8),可以根据∇算子的运算规则直接推导出来,是几个最基本的公式,应用这几个公式和下述方法,就可推证出其他的一些公式.现在我们通过几个例子来说明使用∇算子的一种简易计算方法.

例 2 证明$\nabla(uv)=u\nabla v+v\nabla u$.

证明 $\nabla(uv)=\left(\dfrac{\partial}{\partial x}\boldsymbol{i}+\dfrac{\partial}{\partial y}\boldsymbol{j}+\dfrac{\partial}{\partial z}\boldsymbol{k}\right)uv$,

$$=\frac{\partial(uv)}{\partial x}\boldsymbol{i}+\frac{\partial(uv)}{\partial y}\boldsymbol{j}+\frac{\partial(uv)}{\partial z}\boldsymbol{k}$$

$$=\left(u\frac{\partial v}{\partial x}+v\frac{\partial u}{\partial x}\right)\boldsymbol{i}+\left(u\frac{\partial v}{\partial y}+v\frac{\partial u}{\partial y}\right)\boldsymbol{j}+\left(u\frac{\partial v}{\partial z}+v\frac{\partial u}{\partial z}\right)\boldsymbol{k}$$

$$=u\left(\frac{\partial v}{\partial x}\boldsymbol{i}+\frac{\partial v}{\partial y}\boldsymbol{j}+\frac{\partial v}{\partial z}\boldsymbol{k}\right)+v\left(\frac{\partial u}{\partial x}\boldsymbol{i}+\frac{\partial u}{\partial y}\boldsymbol{j}+\frac{\partial u}{\partial z}\boldsymbol{k}\right)$$

$$=u\nabla v+v\nabla u.$$

4.6.2　拉普拉斯算子

定义 4.6.2　引入一个数性微分算子：

$$\boldsymbol{\Delta}\equiv\frac{\partial^2}{\partial x^2}+\frac{\partial^2}{\partial y^2}+\frac{\partial^2}{\partial z^2},$$

称为**拉普拉斯**(Laplace)**算子**或 **Δ 算子**.

此时，

$$\boldsymbol{\Delta} u=\boldsymbol{\nabla}\cdot(\boldsymbol{\nabla} u)=\boldsymbol{\nabla}^2 u=\mathrm{div}(\mathbf{grad}\ u).$$

其中，$\boldsymbol{\Delta} u$ 称为调和量，$\boldsymbol{\Delta}$ 也可写为 $\boldsymbol{\nabla}^2$.

拉普拉斯算子有许多用途，在物理中，常用于波方程的数学模型、热传导方程以及亥姆霍兹方程. 在数学中，经拉普拉斯运算为零的函数称为调和函数(详见 § 4.5 节内容).

习题参考答案或解题提示

第 1 章

习题 1.1

1. (1) $f(t)=\frac{4}{\pi}\int_0^{+\infty}\frac{(\sin\omega-\omega\cos\omega)\cos\omega t}{\omega^3}d\omega$;

(2) $f(t)=\frac{2}{\pi}\int_0^{+\infty}\frac{\sin\omega\pi\sin\omega t}{1-\omega^2}d\omega$;

(3) $f(t)=\frac{2}{\pi}\int_0^{+\infty}\frac{(1-\cos\omega)}{\omega}\sin\omega t d\omega$,当$t=0$,$\pm1$ 时,等式左端 $f(t)$应以$\frac{f(t_0+0)+f(t_0-0)}{2}$代替.

2. (1) $f(t)=\frac{1}{\pi}\int_0^{+\infty}\frac{\beta\cos\omega t+\omega\sin\omega t}{\beta^2+\omega^2}d\omega$;

当 $t=0$ 时,等式左端 $f(t)$应以$\frac{1}{2}$代替.

(2) $f(t)=\frac{2}{\pi}\int_0^{+\infty}\frac{1-\cos\omega}{\omega}\sin\omega t d\omega$;

当 $t=0$, ±1 时,等式左端 $f(t)$ 应以$\frac{f(t_0+0)+f(t_0-0)}{2}$代替.

习题 1.2

1. $F(\omega)=\frac{-2j\sin\omega\pi}{1-\omega^2}$;

$f(t)=\frac{2}{\pi}\int_0^{+\infty}\frac{\sin\omega\tau\sin\omega t}{1-\omega^2}d\omega$,当 $t=\alpha$ 时,原式得证.

2. (1) $F_s(\omega)=\frac{\omega}{1+\omega^2}$;(2) $F_c(\omega)=\frac{1}{1+\omega^2}$.

3. $f(t)=\begin{cases}\frac{1}{2}[u(1+t)+u(1-t)-1] & 当|t|\neq1\\ \frac{1}{4} & 当|t|=1\end{cases}$.

(本题的结果也可以写为 $f(t)=\begin{cases}\frac{1}{2} & 当|t|<1\\ \frac{1}{4} & 当|t|=1\\ 0 & 当|t|>1\end{cases}$

4. 略.

5. $g(\omega)=\frac{2}{\pi\omega^2}(1-\cos\omega)$.

6. $F(\omega)=\frac{4A}{\omega^2\tau}\left(1-\cos\frac{\omega\tau}{2}\right)$.

7. $A_0=2|c_0|=h$, $A_n=2|c_n|=\frac{h}{n\pi}$. 图略.

习题 1.3

1. $\frac{1}{4}$.

2. $F(\omega)=\pi[\delta(\omega-3)+\delta(\omega+3)]$.

3. $F(\omega)=\frac{1}{2}\pi j[\delta(\omega+4)-\delta(\omega-4)]$.

4. $F(\omega)=\frac{\pi}{2}[2\delta(\omega)-\delta(\omega-2)-\delta(\omega+2)]$.

5. 略.

习题 1.4

1. $F(\omega)=\pi\delta(\omega)-\frac{\pi}{2}[\delta(\omega+4)+\delta(\omega-4)]$.

2. 略.

3. (1) $\frac{j}{2}\frac{d}{d\omega}F\left(\frac{\omega}{2}\right)$;

(2) $-j\frac{d}{d\omega}F(-\omega)-2F(-\omega)$;

(3) $\frac{1}{2j}\frac{d^3}{d\omega^3}F\left(\frac{\omega}{2}\right)$;

(4) $-F(\omega)-\omega\frac{d}{d\omega}F(\omega)$;

(5) $\frac{1}{2}e^{-\frac{3}{2}j\omega}F\left(\frac{\omega}{2}\right)$;

(6) $\frac{1}{2}e^{\frac{3}{2}j\omega}F\left(-\frac{\omega}{2}\right)$.

4. 提示：求 $j\pi\delta'(\omega)+\frac{1}{(j\omega)^2}$ 的 Fourier 逆变换.

5. (1) $\frac{1}{j(\omega-\omega_0)}+\pi\delta(\omega-\omega_0)$；

(2) $-\frac{1}{(\omega-\omega_0)^2}+\pi j\delta'(\omega-\omega_0)$；

(3) $e^{-j(\omega-\omega_0)}\left[\frac{1}{j(\omega-\omega_0)}+\pi\delta(\omega-\omega_0)\right]$；

(4) $\frac{\omega_0}{(\omega_0^2-\omega^2)}+\frac{\pi}{2j}[\delta(\omega-\omega_0)-\delta(\omega+\omega_0)]$.

6. $x(t)=\frac{-j}{\pi}\int_{-\infty}^{+\infty}\frac{\omega}{(\omega^2+4)(\omega^2+1)}e^{j\omega t}d\omega$.

习题 1.5

1. 略.

2. $f_1(t)*f_2(t)=\begin{cases}0, & t<0\\ 1-\cos t, & t\geqslant 0\end{cases}$

3. $f_1(t)*f_2(t)=$

$$\begin{cases}0 & 当\ t\leqslant 0\\ \frac{1}{2}(\sin t-\cos t+e^{-t}) & 当\ 0<t\leqslant\frac{\pi}{2}\\ \frac{1}{2}e^{-t}(e^{\frac{\pi}{2}}+1) & 当\ t>\frac{\pi}{2}\end{cases}.$$

4. 略.

5. (1) $y(t)=\frac{a(b-a)}{\pi b[t^2+(b-a)^2]}$；

(2) $y(t)=\sqrt{2\pi}\left(1-\frac{t^2}{2}\right)e^{-\frac{t^2}{2}}$.

6. 略.

7. $S(\omega)=\frac{a}{4a^2+\omega^2}$.

8. $R_{12}(\tau)=$

$$\begin{cases}\int_a^{-\tau}\frac{b}{a}t\,dt=\frac{b}{2a}(a^2-\tau^2) & 当\ -a\leqslant\tau\leqslant 0\\ \int_0^{a-\tau}\frac{b}{a}t\,dt=\frac{b}{2a}(a-\tau)^2, & 当\ 0<\tau\leqslant a\\ 0 & 当\ |\tau|>a.\end{cases}$$

第 2 章

习题 2.1

1. (1) $\frac{1}{s+3}$ $(\mathrm{Re}(s)>-3)$；

(2) $\frac{1}{s^2+4}$ $(\mathrm{Re}(s)>0)$；

(3) $\frac{4s}{4s^2+1}$ $(\mathrm{Re}(s)>0)$；

(4) $\frac{k}{s^2-k^2}$ $(\mathrm{Re}(s)>|k|)$；

(5) $\frac{1}{s}-\frac{2}{s}e^{-s}+\frac{1}{s}e^{-3s}$；

(6) $\frac{1+e^{-s\pi}}{s^2+1}$；

(7) $-\frac{s}{s+1}$；

(8) $\frac{s^2}{s^2+1}$.

2. (1) $\frac{1}{(1-e^{-s\pi})(s^2+1)}$；

(2) $\frac{2}{s(1+e^{-s\pi})}$.

3. (1) $\frac{1}{s^2}-\frac{be^{-bs}}{1-e^{-bs}}$；

(2) $\frac{1}{s(1-e^{-4sa})}(1-e^{-sa}+e^{-3sa}-e^{-2sa})$.

习题 2.2

1. (1) $\frac{1}{s+1}+\frac{s}{s^2+1}+\frac{2}{s^3}$；

(2) $\frac{6}{s^4}-\frac{4}{s^3}+\frac{3}{s^2}-\frac{2}{s}$；

(3) $-\left[\frac{2}{s}+\frac{1}{(s+1)^2}\right]$；

(4) $\frac{1}{s^2+4}+\frac{s}{s^2+9}$；

(5) $\frac{2s}{(s^2+a^2)^2}$；

(6) $\frac{s^2-4s+5}{(s-1)^3}$；

(7) $\frac{3}{(s+2)^2+9}$；

(8) $\frac{1}{s}e^{-\frac{3}{2}s}$；

(9) $\frac{1}{s}$；

(10) $\dfrac{n!}{(s-a)^{n+1}}$ （n为正整数）；

(11) $\dfrac{e^{-2}}{s+1}$；

(12) $\dfrac{1}{2}\left[\dfrac{1}{s}-\dfrac{s}{s^2+4}\right]$.

2. (1) $\arctan\dfrac{a}{s}$；

(2) $aF(as+a^2)$；

(3) $\dfrac{6(s+2)}{[(s+2)^2+9]^2}$；

(4) $s\ln\dfrac{s}{\sqrt{s^2+1}}+\arctan\dfrac{1}{s}$；

(5) $\operatorname{arccot}\dfrac{s}{3}$；

(6) $\operatorname{arccot}\dfrac{s+2}{3}$.

3. (1) $\dfrac{1}{2}\ln 2$； (2) $\dfrac{3}{13}$；

(3) $\dfrac{\pi}{2}-\arctan\dfrac{3}{2}$； (4) $\dfrac{5}{169}$；

(5) $\dfrac{1}{4}\ln 5$； (6) $\dfrac{\pi}{2}$；

(7) 0.

4. (1) $\cos 3t$； (2) $\dfrac{1}{2}t^2$；

(3) $\dfrac{1}{2}t^2e^t$； (4) $1+e^{-3t}$；

(5) $\dfrac{1}{3}\sin 3t$； (6) $2\cos 3t+\sin 3t$；

(7) $\dfrac{4}{3}e^{-2t}-\dfrac{1}{3}e^{-5t}$； (8) $-\dfrac{2}{5}+\dfrac{7}{5}e^{-5t}$.

习题 2.3

1. (1) $\dfrac{1}{6}t^3$； (2) $\dfrac{t^2}{2}$；

(3) e^t-t-1； (4) $\dfrac{1}{2}t\sin t$；

(5) $\dfrac{1}{2}t\cos t$； (6) $t-\sin t$；

(7) $\operatorname{sh}t-t$；

(8) $\dfrac{1}{2k}\operatorname{sh}^3kt-\dfrac{1}{4k}\operatorname{ch}kt\cdot\operatorname{sh}2kt+\dfrac{1}{2}t\cdot\operatorname{ch}kt$；

(9) $\begin{cases}0 & 当\ t<a\\ \int_0^t f(t-\tau)\mathrm{d}\tau & 当\ 0\leqslant a\leqslant t\end{cases}$；

(10) $\begin{cases}0 & 当\ t<a\\ f(t-a) & 当\ 0\leqslant a\leqslant t\end{cases}$.

2. (1) $\dfrac{ae^{at}-be^{bt}}{a-b}$；

(2) $t-\sin t$；

(3) $\dfrac{1}{2}e^{2t}-e^t+\dfrac{1}{2}$；

(4) $\dfrac{1}{2}\sin 2t-\dfrac{1}{4}\cos 2t+\dfrac{1}{4}$.

习题 2.4

(1) $\dfrac{1}{k}\sin kt$；

(2) $2\cos 3t+\sin 3t$；

(3) $\dfrac{1}{2}+e^{-t}-\dfrac{3}{2}e^{-2t}$ $(t>0)$；

(4) $\dfrac{a}{a-b}e^{at}+\dfrac{b}{b-a}e^{bt}$ $(t>0)$；

(5) $-\dfrac{\cos t}{t}$ $(t>0)$；

(6) $\delta(t)+3u(t)e^{3t}$；

(7) $\dfrac{1}{16}(e^{2t}-e^{-2t})-\dfrac{1}{4}$；

(8) $\dfrac{1}{5}(\cos 2t-\cos 3t)$；

(9) $-1+(2+t)e^{-t}$；

(10) $\dfrac{1}{2a^3}(\operatorname{sh}at-\sin at)$；

(11) $e^{-t}-e^{-2t}$；

(12) $e^{-t}+e^{-2t}$；

(13) $-\dfrac{1}{4}e^t+\dfrac{1}{5}e^{2t}+\dfrac{1}{20}e^{-3t}$；

(14) $t+t\cdot u(t-3)-3u(t-3)$；

(15) $\dfrac{1}{2}t\sin(t-4)$；

(16) $\dfrac{1}{2}te^{-2t}\sin t$.

习题 2.5

1. (1) $y(t)=e^{2t}-e^{t}$;

(2) $y(t)=\frac{3}{8}e^{t}-\frac{1}{4}e^{-t}-\frac{1}{8}e^{-3t}$;

(3) $y(t)=\frac{5}{2}-5e^{t}+\frac{5}{2}e^{2t}$;

(4) $x(t)=\frac{2}{e}te^{t}$;

(5) $y(t)=\frac{1}{2}+2e^{-t}-te^{-2t}+\frac{27}{2}e^{-2t}$;

(6) $x(t)=\frac{1}{2}\sin^2 t\cos t-\frac{1}{4}(2t-\sin 2t)\sin t$;

(7) $x(t)=t+e^{-t}+\frac{1}{6}\sin t-\frac{5}{6}+c_0$;

(8) $y(t)=e^{2t}$.

2. (1) $y(t)=1$;

(2) $y(t)=\sin t+y(0)\cos t$;

(3) $y(t)=te^{t}$;

(4) $y(t)=\frac{1}{2}(e^{2t}+1)$;

(5) $y(t)=\frac{1}{3}(2e^{-t}+e^{2t})$.

3. (1) $x(t)=\frac{1}{2}t+\frac{t^2}{4}+a$,

$y(t)=\frac{1}{2}t-\frac{t^2}{4}+b$;

(2) $x(t)=e^{t}, y(t)=e^{t}$;

(3) $x(t)=\frac{1}{3}(e^{-t}+2e^{2t})$,

$y(t)=\frac{1}{3}(e^{-t}-e^{2t})$,

$z(t)=-\frac{2}{9}e^{2t}-\frac{4}{9}e^{t}+\frac{2}{3}e^{-t}$;

(4) $x(t)=3+\frac{1}{4}e^{-t}-\frac{13}{4}e^{t}+\frac{5}{2}te^{t}$,

$y(t)=-\frac{1}{4}e^{-t}-\frac{31}{4}e^{t}-\frac{15}{2}te^{t}$.

第 3 章

习题 3.1

1. (1) $x+y+z=C$;

(2) $x^2+y^2+z^2=C$.

2. 过点(0,0)的等值线为 $u=0$;过点(−1,0)的等值线为 $u=1$;过点(2,0)的等值线为 $u=4$.

3. $z=2\sqrt{x^2+y^2}\ (x^2+y^2\neq 0)$.

习题 3.2

1. $2\sqrt{3}-1$.

2. $\frac{7+11\sqrt{2}}{2}$.

3. $\frac{20}{7}$.

4. $-\frac{12}{\sqrt{14}}$.

5. $-\frac{1}{\sqrt{14}}$.

6. $\frac{1}{\sqrt{x^2+y^2+z^2}}(x,y,z)$.

7. (1) $(6,3,0)$; (2) 6; (3) $3\sqrt{5}$.

8. $(2,-4,1)$, $\sqrt{21}$.

9. $a=1, b=c=4$.

10. $3x-3y+8z-22=0$.

11. 切平面方程 $2x-2y-3z+2=0$;法线方程 $\frac{x-1}{2}=\frac{y+1}{-2}=\frac{z-2}{-3}$.

第 4 章

习题 4.2

1. $xy=C$.

2. $\begin{cases} xz+3y=C_1 \\ y^2+z^2=C_2 \end{cases}$.

3. $\begin{cases} x^2-y^2=C_1 \\ x=C_2 z \end{cases}$.

习题 4.3

1. (1) 4π; (2) π.

2. 0.

3. $\frac{9}{4}\pi$.

4. (1) 3; (2) $x\sin y+\cos x$.

5. $\frac{1}{x^2+y^2+z^2}$.

6. 2.

习题 4.4

1. $2\pi R^2$.

2. $(1,2,1)$，$\frac{17}{7}$.

3. $9\sqrt{5}$.

4. 0.

5. (1)$(2xy-x,1-y^2,z-1)$；

(2)$(2x(xz-y^2),0,2z(y^2-xz))$.

6. $(6,2,0)$.

习题 4.5

1. (1)$v=-x^3-y^3+3x^2y+c$；

(2)$v=-x^2y-xyz-y^2z+c$.

2. (1)14；　(2)-2.

3. 0.

4. 略.

5. $v=yz^3-3xy^2z+c$；一个矢势量 $\boldsymbol{B}=(0,x^3y-3xyz^2,3xy^2z-x^3z+xz^3)$.

附录

附录 A　Fourier 变换简表

	$f(t)$		$F(\omega)$	
	函数	图像	频谱	图像
1	矩形单脉冲函数 $f(t)=\begin{cases}E & 当\ \lvert t\rvert\leqslant\frac{\tau}{2}\\ 0 & 其他\end{cases}$	$f(t)$, E, $-\frac{\tau}{2}$, O, $\frac{\tau}{2}$, t	$2E\dfrac{\sin\frac{\omega\tau}{2}}{\omega}$	$\lvert F(\omega)\rvert$, $E\tau$, O, $\frac{2\pi}{\tau}$, ω
2	指数衰减函数 $f(t)=\begin{cases}0 & 当\ t<0,\\ e^{-\beta t} & 当\ t\geqslant 0(\beta>0)\end{cases}$	$f(t)$, 1, O, t	$\dfrac{1}{\beta+j\omega}$	$\lvert F(\omega)\rvert$, $\frac{1}{\beta}$, O, ω
3	三角形单脉冲函数 $f(t)=\begin{cases}\frac{2A}{\tau}\left(\frac{\tau}{2}+t\right) & 当-\frac{\tau}{2}\leqslant t<0\\ \frac{2A}{\tau}\left(\frac{\tau}{2}-t\right) & 当\ 0\leqslant t<\frac{\tau}{2}\\ 0 & 其他\end{cases}$	$f(t)$, A, $-\frac{\tau}{2}$, O, $\frac{\tau}{2}$, t	$\dfrac{4A}{\tau\omega^2}\left(1-\cos\dfrac{\omega\tau}{2}\right)$	$F(\omega)$, $\frac{\tau A}{2}$, O, $\frac{4\pi}{\tau}$, ω

续表

	$f(t)$		$F(\omega)$	
	函数	图像	频谱	图像
4	钟形脉冲函数 $f(t)=Ae^{-\beta t^2}\ (\beta>0)$.	$f(t)$, A, O, t	$\sqrt{\frac{\pi}{\beta}}Ae^{-\frac{\omega^2}{4\beta}}$	$F(\omega)$, $A\sqrt{\frac{\pi}{\beta}}$, O, ω
5	Fourier 核函数 $f(t)=\frac{\sin\omega_0 t}{\pi t}$	$f(t)$, $\frac{\omega_0}{\pi}$, O, $\frac{\pi}{\omega_0}$, t	$F(\omega)=\begin{cases}1 & 当\ \lvert\omega\rvert\leqslant\omega_0 \\ 0 & 其他\end{cases}$	$F(\omega)$, 1, $-\omega_0$, O, ω_0, ω
6	Gauss 分布函数 $f(t)=\frac{1}{\sqrt{2\pi}\sigma}e^{-\frac{t^2}{2\sigma^2}}$	$f(t)$, $\frac{1}{\sqrt{2\pi}\sigma}$, O, t	$e^{-\frac{\sigma^2\omega^2}{2}}$	$\lvert F(\omega)\rvert$, 1, O, ω
7	矩形射频脉冲函数 $f(t)=\begin{cases}E\cos\omega_0 t & 当\ \lvert t\rvert\leqslant\frac{\tau}{2} \\ 0 & 其他\end{cases}$	$f(t)$, E, O, $-\frac{\tau}{2}$, $\frac{\tau}{2}$, t	$\frac{E\tau}{2}\left[\frac{\sin(\omega-\omega_0)\frac{\tau}{2}}{(\omega-\omega_0)\frac{\tau}{2}}+\frac{\sin(\omega+\omega_0)\frac{\tau}{2}}{(\omega+\omega_0)\frac{\tau}{2}}\right]$	$\lvert F(\omega)\rvert$, $\frac{E\tau}{2}$, $-\omega_0$, O, ω_0, $-\omega_0-\frac{\omega_0}{n}$, $-\omega_0+\frac{\omega_0}{n}$, $\omega_0-\frac{\omega_0}{n}$, $\omega_0+\frac{\omega_0}{n}$, ω

续表

	$f(t)$		$F(\omega)$	
	函数	图像	频谱	图像
8	单位脉冲函数 $f(t)=\delta(t)$	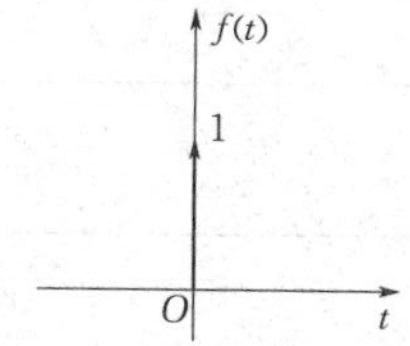	1	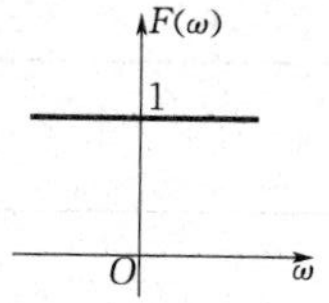
9	周期性脉冲函数 $f(t)=\sum\limits_{n=-\infty}^{+\infty}\delta(t-nT)$ （T 为脉冲函数的周期）	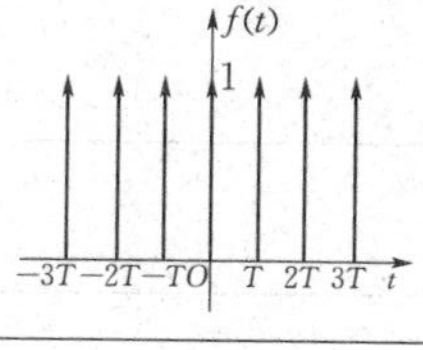	$\frac{2\pi}{T}\sum\limits_{n=-\infty}^{+\infty}\delta\left(\omega-\frac{2n\pi}{T}\right)$	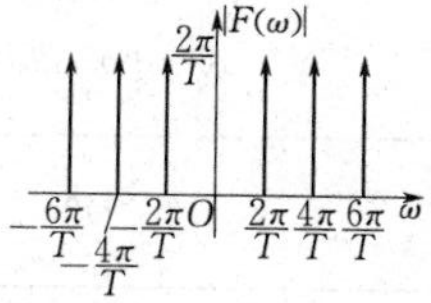
10	$f(t)=\cos\omega_0 t$	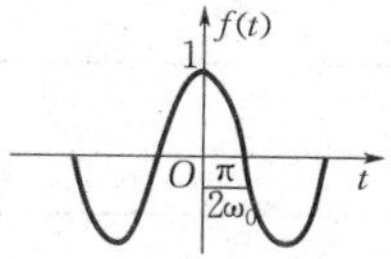	$\pi[\delta(\omega+\omega_0)+\delta(\omega-\omega_0)]$	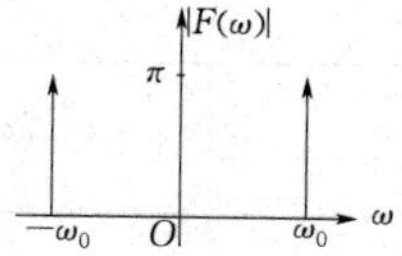
11	$f(t)=\sin\omega_0 t$	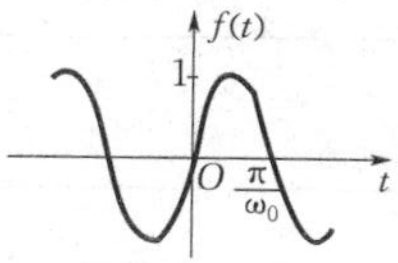	$\mathrm{j}\pi[\delta(\omega+\omega_0)-\delta(\omega-\omega_0)]$	同上图
12	单位阶跃函数 $f(t)=u(t)$	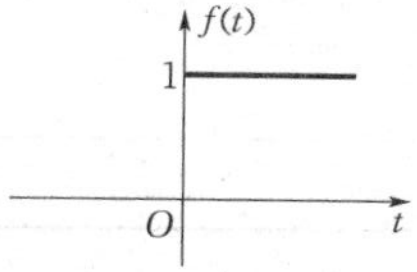	$\frac{1}{\mathrm{j}\omega}+\pi\delta(\omega)$	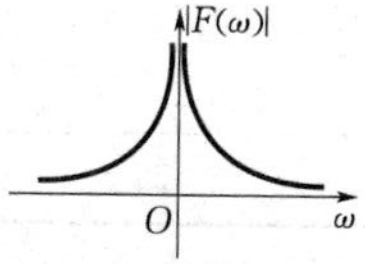

续表

	$f(t)$	$F(\omega)$
13	$u(t-c)$	$\frac{1}{\mathrm{j}\omega}\mathrm{e}^{-\mathrm{j}\omega c}+\pi\delta(\omega)$
14	$u(t)\cdot t$	$-\frac{1}{\omega^2}+\pi\mathrm{j}\delta'(\omega)$
15	$u(t)\cdot t^n$	$\frac{n!}{(\mathrm{j}\omega)^{n+1}}+\pi\mathrm{j}^n\delta^{(n)}(\omega)$
16	$u(t)\sin\alpha t$	$\frac{\alpha}{\alpha^2-\omega^2}+\frac{\pi}{2}[\delta(\omega-\alpha)-\delta(\omega+\alpha)]$
17	$u(t)\cos\alpha t$	$\frac{\mathrm{j}\omega}{\alpha^2-\omega^2}+\frac{\pi}{2}[\delta(\omega-\alpha)-\delta(\omega+\alpha)]$
18	$u(t)\mathrm{e}^{\mathrm{j}\alpha t}$	$\frac{1}{\mathrm{j}(\omega-\alpha)}+\pi\delta(\omega-\alpha)$
19	$u(t-c)\mathrm{e}^{\mathrm{j}\alpha t}$	$\frac{1}{\mathrm{j}(\omega-\alpha)}\mathrm{e}^{-\mathrm{j}(\omega-\alpha)c}+\pi\delta(\omega-\alpha)$
20	$u(t)\mathrm{e}^{\mathrm{j}\alpha t}t^n$	$\frac{n!}{[\mathrm{j}(\omega-\alpha)]^{n+1}}+\pi\mathrm{j}^n\delta^{(n)}(\omega-\alpha)$
21	$\mathrm{e}^{a\lvert t\rvert},\mathrm{Re}(a)<0$	$\frac{-2a}{\omega^2+\alpha^2}$
22	$\delta(t-c)$	$\mathrm{e}^{-\mathrm{j}\omega c}$
23	$\delta'(t)$	$\mathrm{j}\omega$
24	$\delta^{(n)}(t)$	$(\mathrm{j}\omega)^n$

续表

	$f(t)$	$F(\omega)$
25	$\delta^{(n)}(t-c)$	$(\mathrm{j}\omega)^n \mathrm{e}^{-\mathrm{j}\omega c}$
26	1	$2\pi\delta(\omega)$
27	t	$2\pi\mathrm{j}\delta'(\omega)$
28	t^n	$2\pi\mathrm{j}^n\delta^{(n)}(\omega)$
29	$\mathrm{e}^{\mathrm{j}\alpha t}$	$2\pi\delta(\omega-\alpha)$
30	$t^n\mathrm{e}^{\mathrm{j}\alpha t}$	$2\pi\mathrm{j}^n\delta^{(n)}(\omega-\alpha)$
31	$\frac{1}{a^2+t^2}, \mathrm{Re}(a)<0$	$-\frac{\pi}{a}\mathrm{e}^{a\lvert\omega\rvert}$
32	$\frac{t}{(a^2+t^2)^2}, \mathrm{Re}(a)<0$	$\frac{\mathrm{j}\omega\pi}{2a}\mathrm{e}^{a\lvert\omega\rvert}$
33	$\frac{\mathrm{e}^{\mathrm{j}bt}}{a^2+t^2}, \mathrm{Re}(a)<0$，$b$ 为实数	$-\frac{\pi}{a}\mathrm{e}^{a\lvert\omega-b\rvert}$
34	$\frac{\cos bt}{a^2+t^2}, \mathrm{Re}(a)<0$，$b$ 为实数	$-\frac{\pi}{2a}(\mathrm{e}^{a\lvert\omega-b\rvert}+\mathrm{e}^{a\lvert\omega+b\rvert})$
35	$\frac{\sin bt}{a^2+t^2}, \mathrm{Re}(a)<0$，$b$ 为实数	$-\frac{\pi}{2a\mathrm{j}}(\mathrm{e}^{a\lvert\omega-b\rvert}-\mathrm{e}^{a\lvert\omega+b\rvert})$
36	$\frac{\sinh at}{\sinh \pi t}, -\pi<a<\pi$	$\frac{\sin a}{\cosh\omega+\cos a}$
37	$\frac{\sinh at}{\cosh \pi t}, -\pi<a<\pi$	$-2\mathrm{j}\frac{\sin\frac{a}{2}\sinh\frac{\omega}{2}}{\cosh\omega+\cos a}$

续表

	$f(t)$	$F(\omega)$
38	$\dfrac{\cosh at}{\cosh \pi t}, -\pi < a < \pi$	$2\dfrac{\cos\dfrac{a}{2}\cosh\dfrac{\omega}{2}}{\cosh\omega + \cos a}$
39	$\dfrac{1}{\cosh at}$	$\dfrac{\pi}{a}\dfrac{1}{\cosh\dfrac{\pi\omega}{2a}}$
40	$\sin at^2$	$\sqrt{\dfrac{\pi}{a}}\cos\left(\dfrac{\omega^2}{4a}+\dfrac{\pi}{4}\right)$
41	$\cos at^2$	$\sqrt{\dfrac{\pi}{a}}\cos\left(\dfrac{\omega^2}{4a}-\dfrac{\pi}{4}\right)$
42	$\dfrac{1}{t}\sin at$	$\begin{cases}\pi & 当\|\omega\|\leqslant a \\ 0 & 当\|\omega\|>a\end{cases}$
43	$\dfrac{1}{t^2}\sin^2 at$	$\begin{cases}\pi\left(a-\dfrac{\|\omega\|}{2}\right) & 当\|\omega\|\leqslant 2a \\ 0 & 当\|\omega\|>2a\end{cases}$
44	$\dfrac{\sin at}{\sqrt{\|t\|}}$	$\mathrm{j}\sqrt{\dfrac{\pi}{2}}\left(\dfrac{1}{\sqrt{\|\omega+a\|}}-\dfrac{1}{\sqrt{\|\omega-a\|}}\right)$
45	$\dfrac{\cos at}{\|t\|}$	$\sqrt{\dfrac{\pi}{2}}\left(\dfrac{1}{\sqrt{\|\omega+a\|}}+\dfrac{1}{\sqrt{\|\omega-a\|}}\right)$

续表

	$f(t)$	$F(\omega)$
46	$\lvert t\rvert^{\alpha},\alpha\neq 0,\pm 1,\pm 2,\cdots$	$-2\sin\frac{\alpha\pi}{2}\Gamma(\alpha+1)\lvert\omega\rvert^{-(\alpha+1)}$
47	$\operatorname{sgn} t$	$\frac{2}{\mathrm{j}\omega}$
48	$\mathrm{e}^{-at^2},\operatorname{Re}(a)>0$	$\sqrt{\frac{\pi}{a}}\mathrm{e}^{-\frac{\omega^2}{4a}}$
49	$\lvert t\rvert^{2k+1},k=0,1,2,\cdots$	$2(-1)^{k+1}(2k+1)!\ \omega^{-2(k+1)}$
50	$\ln(t^2+a^2),a>0$	$-\frac{2\pi}{\lvert\omega\rvert}\mathrm{e}^{-a\lvert\omega\rvert}$
51	$\arctan\frac{t}{a},a>0$	$-\frac{\pi\mathrm{j}}{\omega}\mathrm{e}^{-a\lvert\omega\rvert}$
52	$\frac{\mathrm{e}^{\pi t}}{(1+\mathrm{e}^{\pi t})^2}$	$\frac{\pi^2\omega}{\sinh\omega}$

附录 B　Laplace 变换简表

	$f(t)$	$F(s)$
1	1	$\frac{1}{s}$
2	e^{at}	$\frac{1}{s-a}$
3	$t^m(m>-1)$	$\frac{\Gamma(m+1)}{s^{m+1}}$
4	$t^m e^{at}(m>-1)$	$\frac{\Gamma(m+1)}{(s-a)^{m+1}}$
5	$\sin at$	$\frac{a}{s^2+a^2}$
6	$\cos at$	$\frac{s}{s^2+a^2}$
7	$\sinh at$	$\frac{a}{s^2-a^2}$
8	$\cosh at$	$\frac{s}{s^2-a^2}$
9	$t\sin at$	$\frac{2as}{(s^2+a^2)^2}$
10	$t\cos at$	$\frac{s^2-a^2}{(s^2+a^2)^2}$
11	$t\sinh at$	$\frac{2as}{(s^2-a^2)^2}$
12	$t\cosh at$	$\frac{s^2+a^2}{(s^2-a^2)^2}$
13	$t^m\sin at(m>-1)$	$\frac{\Gamma(m+1)}{2j(s^2+a^2)^{m+1}}\cdot[(s+ja)^{m+1}-(s-ja)^{m+1}]$
14	$t^m\cos at(m>-1)$	$\frac{\Gamma(m+1)}{2(s^2+a^2)^{m+1}}\cdot[(s+ja)^{m+1}+(s-ja)^{m+1}]$
15	$e^{-bt}\sin at$	$\frac{a}{(s+b)^2+a^2}$
16	$e^{-bt}\cos at$	$\frac{s+b}{(s+b)^2+a^2}$
17	$e^{-bt}\sin(at+c)$	$\frac{(s+b)\sin c+a\cos c}{(s+b)^2+a^2}$
18	$\sin^2 t$	$\frac{1}{2}\left(\frac{1}{s}-\frac{s}{s^2+4}\right)$

续表

	$f(t)$	$F(s)$
19	$\cos^2 t$	$\frac{1}{2}\left(\frac{1}{s}+\frac{s}{s^2+4}\right)$
20	$\sin at \sin bt$	$\frac{2abs}{[s^2+(a+b)^2][s^2+(a-b)^2]}$
21	$e^{at}-e^{bt}$	$\frac{a-b}{(s-a)(s-b)}$
22	$ae^{at}-be^{bt}$	$\frac{(a-b)s}{(s-a)(s-b)}$
23	$\frac{1}{a}\sin at-\frac{1}{b}\sin bt$	$\frac{b^2-a^2}{(s^2+a^2)(s^2+b^2)}$
24	$\cos at-\cos bt$	$\frac{(b^2-a^2)s}{(s^2+a^2)(s^2+b^2)}$
25	$\frac{1}{a^2}(1-\cos at)$	$\frac{1}{s(s^2+a^2)}$
26	$\frac{1}{a^3}(at-\sin at)$	$\frac{1}{s^2(s^2+a^2)}$
27	$\frac{1}{a^4}(\cos at-1)+\frac{1}{2a^2}t^2$	$\frac{1}{s^3(s^2+a^2)}$
28	$\frac{1}{a^4}(\cosh at-1)-\frac{1}{2a^2}t^2$	$\frac{1}{s^3(s^2-a^2)}$
29	$\frac{1}{2a^3}(\sin at-at\cos at)$	$\frac{1}{(s^2+a^2)^2}$
30	$\frac{1}{2a}(\sin at+at\cos at)$	$\frac{s^2}{(s^2+a^2)^2}$
31	$\frac{1}{a^4}(1-\cos at)-\frac{1}{2a^3}t\sin at$	$\frac{1}{s(s^2+a^2)^2}$
32	$(1-at)e^{-at}$	$\frac{s}{(s+a)^2}$
33	$t\left(1-\frac{a}{2}t\right)e^{-at}$	$\frac{s}{(s+a)^3}$
34	$\frac{1}{a}(1-e^{-at})$	$\frac{1}{s(s+a)}$
35[①]	$\frac{1}{ab}+\frac{1}{b-a}\left(\frac{e^{-bt}}{b}-\frac{e^{-at}}{a}\right)$	$\frac{1}{s(s+a)(s+b)}$

续表

	$f(t)$	$F(s)$
36[①]	$\frac{e^{-at}}{(b-a)(c-a)}+\frac{e^{-bt}}{(a-b)(c-b)}+\frac{e^{-ct}}{(a-c)(b-c)}$	$\frac{1}{(s+a)(s+b)(s+c)}$
37[①]	$\frac{ae^{-at}}{(c-a)(a-b)}+\frac{be^{-bt}}{(a-b)(b-c)}+\frac{ce^{-ct}}{(b-c)(c-a)}$	$\frac{s}{(s+a)(s+b)(s+c)}$
38[①]	$\frac{a^2e^{-at}}{(c-a)(b-a)}+\frac{b^2e^{-bt}}{(a-b)(c-b)}+\frac{c^2e^{-ct}}{(b-c)(a-c)}$	$\frac{s^2}{(s+a)(s+b)(s+c)}$
39[①]	$\frac{e^{-at}-e^{-bt}[1-(a-b)t]}{(a-b)^2}$	$\frac{1}{(s+a)(s+b)^2}$
40[①]	$\frac{[a-b(a-b)t]e^{-bt}-ae^{-at}}{(a-b)^2}$	$\frac{s}{(s+a)(s+b)^2}$
41	$e^{-at}-e^{\frac{at}{2}}\left(\cos\frac{\sqrt{3}at}{2}-\sqrt{3}\sin\frac{\sqrt{3}at}{2}\right)$	$\frac{3a^2}{s^3+a^3}$
42	$\sin at\cosh at-\cos at\sinh at$	$\frac{4a^3}{s^4+4a^4}$
43	$\frac{1}{2a^2}\sin at\sinh at$	$\frac{s}{s^4+4a^4}$
44	$\frac{1}{2a^3}(\sinh at-\sin at)$	$\frac{1}{s^4-a^4}$
45	$\frac{1}{2a^2}(\cosh at-\cos at)$	$\frac{s}{s^4-a^4}$
46	$\frac{1}{\sqrt{\pi t}}$	$\frac{1}{\sqrt{s}}$
47	$2\sqrt{\frac{t}{\pi}}$	$\frac{1}{s\sqrt{s}}$
48	$\frac{1}{\sqrt{\pi t}}e^{at}(1+2at)$	$\frac{s}{(s-a)\sqrt{s-a}}$
49	$\frac{1}{2\sqrt{\pi t^3}}(e^{bt}-e^{at})$	$\sqrt{s-a}-\sqrt{s-b}$
50	$\frac{1}{\sqrt{\pi t}}\cos 2\sqrt{at}$	$\frac{1}{\sqrt{s}}e^{-\frac{a}{s}}$
51	$\frac{1}{\sqrt{\pi t}}\cosh 2\sqrt{at}$	$\frac{1}{\sqrt{s}}e^{\frac{a}{s}}$
52	$\frac{1}{\sqrt{\pi t}}\sin 2\sqrt{at}$	$\frac{1}{s\sqrt{s}}e^{-\frac{a}{s}}$

续表

	$f(t)$	$F(s)$
53	$\frac{1}{\sqrt{\pi t}}\sinh 2\sqrt{at}$	$\frac{1}{s\sqrt{s}}e^{\frac{a}{s}}$
54	$\frac{1}{t}(e^{bt}-e^{at})$	$\ln\frac{s-a}{s-b}$
55	$\frac{2}{t}\sinh at$	$\ln\frac{s+a}{s-a}=2\text{artanh}\frac{a}{s}$
56	$\frac{2}{t}(1-\cos at)$	$\ln\frac{s^2+a^2}{s^2}$
57	$\frac{2}{t}(1-\cosh at)$	$\ln\frac{s^2-a^2}{s^2}$
58	$\frac{1}{t}\sin at$	$\arctan\frac{a}{s}$
59	$\frac{1}{t}(\cosh at-\cos bt)$	$\ln\sqrt{\frac{s^2+b^2}{s^2-a^2}}$
60②	$\frac{1}{\pi t}\sin(2a\sqrt{t})$	$\text{erf}\left(\frac{a}{\sqrt{s}}\right)$
61②	$\frac{1}{\sqrt{\pi t}}e^{-2a\sqrt{t}}$	$\frac{1}{\sqrt{s}}e^{\frac{a^2}{s}}\text{erfc}\left(\frac{a}{\sqrt{s}}\right)$
62	$\text{erfc}\left(\frac{a}{2\sqrt{t}}\right)$	$\frac{1}{s}e^{-a\sqrt{s}}$
63	$\text{erf}\left(\frac{t}{2a}\right)$	$\frac{1}{s}e^{a^2s^2}\text{erfc}(as)$
64	$\frac{1}{\sqrt{\pi t}}e^{-2\sqrt{at}}$	$\frac{1}{\sqrt{s}}e^{\frac{a}{s}}\text{erfc}\left(\sqrt{\frac{a}{s}}\right)$
65	$\frac{1}{\sqrt{\pi(t+a)}}$	$\frac{1}{\sqrt{s}}e^{as}\text{erfc}(\sqrt{as})$
66	$\frac{1}{\sqrt{a}}\text{erf}(\sqrt{at})$	$\frac{1}{s\sqrt{s+a}}$
67	$\frac{1}{\sqrt{a}}e^{at}\text{erf}(\sqrt{at})$	$\frac{1}{\sqrt{s}(s-a)}$
68	$u(t)$	$\frac{1}{s}$
69	$tu(t)$	$\frac{1}{s^2}$

续表

	$f(t)$	$F(s)$
70	$t^m u(t)(m>-1)$	$\frac{1}{s^{m+1}}\Gamma(m+1)$
71	$\delta(t)$	1
72	$\delta^{(n)}(t)$	s^n
73	$\operatorname{sgn} t$	$\frac{1}{s}$
74③	$J_0(at)$	$\frac{1}{\sqrt{s^2+a^2}}$
75③	$I_0(at)$	$\frac{1}{\sqrt{s^2-a^2}}$
76	$J_0(2\sqrt{at})$	$\frac{1}{s}e^{-\frac{a}{t}}$
77	$e^{-bt}I_0(at)$	$\frac{1}{\sqrt{(s+b)^2-a^2}}$
78	$tJ_0(at)$	$\frac{s}{(s^2+a^2)^{3/2}}$
79	$tI_0(at)$	$\frac{s}{(s^2-a^2)^{3/2}}$
80	$J_0(a\sqrt{t(t+2b)})$	$\frac{1}{\sqrt{s^2+a^2}}e^{b(s-\sqrt{s^2+a^2})}$
81	$\frac{1}{at}J_1(at)$	$\frac{1}{s+\sqrt{s^2+a^2}}$
82	$J_1(at)$	$\frac{1}{a}\left(1-\frac{s}{\sqrt{s^2+a^2}}\right)$
83	$J_n(t)$	$\frac{1}{\sqrt{s^2+1}}(\sqrt{s^2+1}-s)^n$
84	$t^{\frac{n}{2}}J_n(2\sqrt{t})$	$\frac{1}{s^{n+1}}e^{-\frac{1}{s}}$
85	$\frac{1}{t}J_n(at)$	$\frac{1}{na^n}(\sqrt{s^2+a^2}-s)^n$

续表

	$f(t)$	$F(s)$
86	$\int_t^{\infty}\frac{J_0(t)}{t}\mathrm{d}t$	$\frac{1}{s}\ln(s+\sqrt{s^2+1})$
87④	$\mathrm{si}\ t$	$\frac{1}{s}\mathrm{arccot}\ s$
88⑤	$\mathrm{ci}\ t$	$\frac{1}{s}\ln\frac{1}{\sqrt{s^2+1}}$

注:① 式中,a,b,c 为不相等的常数.

② $\mathrm{erf}(x)=\frac{2}{\sqrt{\pi}}\int_0^x \mathrm{e}^{-t^2}\mathrm{d}t$,称为误差函数.

$\mathrm{erfc}(x)=1-\mathrm{erf}(x)=\frac{2}{\sqrt{\pi}}\int_x^{+\infty}\mathrm{e}^{-t^2}\mathrm{d}t$,称为余误差函数.

③ $J_n(x)=\sum_{k=0}^{\infty}\frac{(-1)^k}{k!\ \Gamma(n+k+1)}\left(\frac{x}{2}\right)^{n+2k}$,$I_n(x)=\mathrm{j}^{-n}J_n(\mathrm{j}x)$,$J_n$ 称为第一类 n 阶 Bessel 函数. I_n 称为第一类 n 阶变形的 Bessel 函数,或称为虚宗量的 Bessel 函数.

④ $\mathrm{si}\ t=\int_0^t\frac{\sin t}{t}\mathrm{d}t$ 称为正弦积分.

⑤ $\mathrm{ci}\ t=\int_{-\infty}^t\frac{\cos t}{t}\mathrm{d}t$ 称为余弦积分.

参 考 文 献

[1]张元林.工程数学:积分变换[M].5版.北京:高等教育出版社,2013.

[2]谢树艺.工程数学:矢量分析与场论[M].4版.北京:高等教育出版社,2014.

[3]刘建亚.复变函数与积分变换[M].北京:高等教育出版社,2005.

[4]深圳大学复变函数与场论教研组.复变函数与场论简明教程[M].西安:西安电子科技大学出版社,2012.

[5]梁昌洪.矢算场论札记[M].北京:科学出版社,2009.

[6]上海交通大学数学系.复变函数与积分变换[M].上海:上海交通大学出版社,2012.

[7]盖云英,包革军.复变函数与积分变换[M].2版.北京:科学出版社,2007.

[8]赵建丛,黄文亮.复变函数与积分变换[M].2版.上海:华东理工大学出版社,2012.

[9]卢焕忠.场论及其应用[M].长沙:湖南科学技术出版社,1981.